GIOVANNI TONZIG

100 ERRORI di FISICA

pronti per l'uso

37 CITAZIONI DA TESTI UNIVERSITARI
144 CITAZIONI DA TESTI PREUNIVERSITARI

2025

INDICE DEI CAPITOLI

PREFAZIONE ALLA PRIMA EDIZIONE (1991)

«Cento errori?!» mi interruppe, sbalordito, l'amico con cui mi stavo confidando (dirige una piccola azienda, e il suo mondo è così lontano dal mio). Era chiaro che, se già l'idea che un libro di testo potesse sbagliare lo lasciava interdetto, il fatto che, di errori, io intendessi esibirne un simile quantitativo doveva veramente sembrargli, in tutti i sensi, un'enormità. Ero preparato al suo stupore: la gente sa tutto sui mali della scuola, ma conserva nei riguardi del manuale scolastico una soggezione religiosa.

Mi aspettavo che dicesse «c'è qualcosa di inverosimile in tutto questo». Invece la prese più alla larga: «Chissà quanti libri – esclamò – ti sarai dovuto leggere da cima a fondo... avrai passato mesi in biblioteca!».

«Ma no – risposi – non è stata necessaria nessuna particolare ricerca. Semplicemente, da qualche tempo (forse un paio d'anni) ho preso l'abitudine di prender nota di ciò che, relativamente alla Fisica, non mi sembra corretto nei manuali scolastici che mi capitano tra mano: senza premeditazione, ti assicuro, in modo non sistematico – come del resto apparirà chiaro dal carattere un po' *casual* della mia raccolta. I testi implicati nella vicenda sono in tutto una trentina, ma la maggior parte del 'materiale' proviene da non più di dieci, dodici libri: una frazione minima di quanto si potrebbe reperire nelle librerie scolastiche. Quello che conosco meglio, e che quindi ho potuto, per così dire, sfruttare di più, è il testo sul quale mio figlio ha studiato al liceo: un testo largamente adottato, senz'altro uno dei più diffusi in Italia. Recentemente è uscito in una nuova, sgargiante, enciclopedica edizione, completa ovviamente di applicazioni al computer... Bene, ho controllato: a parte qualche correzione sulle figure, gli errori ci sono ancora tutti!».

Mi guardava allibito.

«Cento errori – gli dissi – ti sembrano tanti? Cento errori non sono niente: il numero cento è un puro simbolo. Sappi che, ad uso di non so quale pubblico, ci sono in circolazione libercoli indescrivibili, veri campionari di sciocchezze, sui quali cento errori si potrebbero trovare, ad averne voglia, in un pomeriggio... Tuttavia, gli errori che ho selezionato per il libro provengono in buona parte da testi di ottimo livello, non di rado da testi universitari: a riprova del fatto, così importante da capire, che in una svista può incappare chiunque, anche il più preparato degli autori, anche lo scienziato famoso, senza che questo nulla tolga alla sua credibilità. Anche il buon Omero, notoriamente, ogni tanto sonnecchia!»

«E tu intenderesti citare, per ogni errore, la relativa provenienza?»

«Ci ho pensato a lungo. Da un certo punto di vista, la citazione sarebbe l'ideale: il documento risulterebbe senz'altro più incisivo, più efficace. Ma c'è il rischio che il tutto finisca per apparire come una sorta di antipatica denuncia *ad personam*: e niente è più lontano dalle mie intenzioni, anche perché il lettore potrebbe fraintendere, e considerare circoscritto a pochi casi quello che a me sembra debba essere un discorso molto più generale. Perciò, niente citazione: mi limiterò a segnalare, onde il lettore possa meglio inquadrare il problema, se il testo è italiano o no, e a quale ordine di scuola è destinato.

«Del resto, l'idea di una raccolta di errori tratta dai testi scolastici non è nata con fini scandalistici. L'intenzione vera era quella di aiutare il lettore – e pensavo soprattutto agli studenti della Maturità e dei primi anni delle facoltà scientifiche – a sbrogliare la matassa, a mettere ordine, a fare luce su alcune idee importanti della Fisica di base: mi piaceva pensare che forse qualcuno si sarebbe riconciliato con la materia, e il titolo che avevo in mente per il libro era *Fisica è bello*.

«Ti voglio dire una cosa: ho la più grande stima e la più grande simpatia per lo studente che vorrebbe capire, e invano si arrovella sul libro di testo, e si ritrova sola e demoralizzato con i suoi perché senza risposta: mi schiero dalla sua parte. E davvero provo nei suoi riguardi un senso profondo di solidarietà, perché a questo punto io so con certezza quello che lui nemmeno immagina: che molte volte la colpa non è sua, e la sua è un'ingiusta fatica. Questo libro è per lui, perché anche lui lo deve sapere.»

Milano, gennaio 1991

PREFAZIONE ALL'EDIZIONE 2006

Alcuni recensori, per tutto il resto molto benevoli col mio lavoro, hanno giudicato negativamente il fatto che le mie segnalazioni di errore non fossero accompagnate dall'indicazione esplicita del nome dell'Autore. Ho preso in considerazione l'ipotesi di rinunciare, con questa nuova edizione, all'anonimato, ma in definitiva la validità degli argomenti 'contro' – già chiariti a suo tempo – mi è parsa ancora oggi intatta.

A volte mi è stato chiesto se il mio 'libro degli errori' ha prodotto, al di là degli apprezzamenti, qualche effetto concreto. La risposta è sì: da allora (e non è una pura coincidenza, lo so per certo), una prestigiosa casa editrice pone all'inizio di tutti i suoi testi scientifici queste parole: «L'esperienza suggerisce che è praticamente impossibile pubblicare un libro privo di errori... Siamo grati ai lettori che vorranno segnalarceli». Se anche si potesse stabilire che questo è stato l'unico risultato del mio lavoro, avrei già di che considerarmi appagato. Ma non è stato l'unico. Ad esempio, il testo scolastico dal quale più che da ogni altro avevo attinto è stato corretto, sulla base delle mie osservazioni, praticamente in tutti i punti contestati.

Milano, settembre 2006

PREFAZIONE ALL'EDIZIONE 2020

A quasi trent'anni dalla prima edizione del libro, molto, moltissimo è cambiato nei testi scolastici di fisica. Editori e autori si sono piegati alla nuova mitologia didattica delle conoscenze-competenze-abilità; e, nella gara ad accaparrarsi i favori dei docenti, hanno prodotto testi sempre più appariscenti, sempre più pesanti (proprio in senso gravitazionale), sempre più gonfiati con temi e approfondimenti un tempo riservati ai corsi universitari, sempre più straripanti di sussidi didattici (esperimenti a casa più o meno realistici, file audio e video da scaricare, ebook multimediali e interattivi).

E la qualità, l'efficacia didattica dei nuovi testi? Non mi dilungo, rimando al mio sito, alla pagina "Test universitari di ingresso". Giudicherà il visitatore.

Milano, marzo 2020

AVVISI AL LETTORE

- Gli errori sono stati disposti seguendo, dalle nozioni introduttive fino alla fisica moderna, il tradizionale percorso didattico della secondaria superiore.
  Non si stupisca quindi il lettore se a questioni abbastanza elementari si alternano a volte questioni più sottili.

- Alcuni concetti sono intenzionalmente richiamati in più di un capitolo: lo scopo della ripetizione è quello di rendere più facilmente comprensibile il discorso in caso di consultazione occasionale.

- Con l'aggettivo «americano» mi riferisco sempre a testi e autori USA.

- Quando le citazioni vengono riferite ad *Autori vari*, il concetto sottoposto a critica è stato da me espresso con parole mie (non virgolettate).

1 – IN TALE NOIOSA MATERIA

Citazioni

[A] «Determinare la relazione tra kg_p e Newton.»
(Testo di fisica per i licei scientifici)
[B] Un centinaio di Ampère, un milione di watts, 23 kg., 800 Volt, qualche cm, km 185...
(Autori vari)

Commento

Indovinare – anzi, «determinare», come nella [A] viene intimato allo studente – quali relazioni Newton potesse intrattenere con i kilogrammi-peso non sembra tanto semplice (anche se, per ragioni di date, tutto fa pensare che di relazioni ce ne potessero essere ben poche[1]). In ogni caso, è straordinario come ancora oggi, all'alba del terzo millennio, mentre diavolerie telematiche varie stanno riempiendo il mondo, le notizie stentino talvolta a 1circolare. Alcuni Autori di manuali scolastici, ad esempio, non sanno ancora che, nell'ambito del Sistema Internazionale di unità di misura (ufficialmente in vigore dal lontano 1960), esistono norme precise che regolano la scrittura dei nomi e dei simboli delle diverse unità: talché, piaccia o non piaccia, nulla, in tale noiosa materia, è stato lasciato al caso o alla libera fantasia del compilatore. Tanto meno in ambito scientifico.

Tra l'altro, è stabilito che:

1. i nomi delle unità di misura sono nomi comuni, che si scrivono con iniziale minuscola e senza accenti (quindi «newton» e non «Newton» nella citazione [A], e «un centinaio di ampere» anziché «un centinaio di Ampère» nella [B]);

2. i nomi delle unità di misura sono indeclinabili (non «un milione di watts» ma «un milione di watt»)[2];

---

[1] Newton misurava le forze in *libbre,* o in *once,* o in *grani.* Passano più di sessant'anni dalla morte di Newton all'istituzione del Sistema Metrico Decimale e all'introduzione del kilogrammo.

[2] Fanno eccezione i nomi di cinque delle sette unità fondamentali del Sistema Internazionale (e precisamente metro, kilogrammo, secondo, candela, mole) e i nomi delle due unità complementari radiante e steradiante (oltre che i nomi di svariate unità non appartenenti al Sistema Internazionale). Le altre due unità fondamentali del Sistema Internazionale (ampere e kelvin) sono invece indeclinabili.

3. i simboli delle unità di misura devono essere scritti con l'iniziale maiuscola se il nome dell'unità corrisponde a quello di uno scienziato, altrimenti con l'iniziale minuscola, e non devono essere seguiti dal puntino (non «23 kg.» ma «23 kg»)[3];

4. l'unità va indicata col relativo simbolo oppure scritta per esteso a seconda che il numero che esprime la misura sia scritto in cifre oppure in lettere, e deve essere sempre scritta per esteso qualora non sia accompagnata dal valore numerico (non «800 Volt» ma «800 V» oppure «ottocento volt», non «qualche cm» ma «qualche centimetro»);

5. il numero deve precedere l'unità (non «km 185» ma «185 km»)[4].

Nota. Relativamente a tutto questo si trasgredisce a volte allegramente anche nelle sedi più insospettabili. Esempio: nel testo di una prova scritta d'esame (Università statale di Milano, corso di laurea in fisica) venivano forniti, tra gli altri, i seguenti dati: «V = 1000 Volt, B = 1 Tesla, R = 3 Ohm, L = 10^2 Henry, C = = 100 microFarad». E le prescrizioni ai punti 1 e 4? Come non detto.

2 – PIANO, CON LE EQUIVALENZE!

Citazione
Se la misura di una grandezza è data in unità cgs, per esprimere la stessa misura in unità internazionali basta applicare le opportune equivalenze.
(Autori vari)

Commento
Infatti. Ma solo dopo aver controllato che la grandezza in questione possa essere espressa, nei due sistemi di unità di misura, mediante *una stessa funzione delle stesse grandezze*: in caso contrario, il metodo delle equivalenze può portare a errori tremendi.

Ad esempio, tenuto conto che una pressione corrisponde, tanto nel Sistema cgs quanto nel Sistema Internazionale, a una forza

---

[3] A meno che non si tratti di unità monetarie.
[4] A meno che, anche qui, non si tratti di unità monetarie.

diviso un'area, una pressione di 24 dyn/cm^2 diventa senz'altro, in unità internazionali,

$p = (24 \times 10^{-5} \text{ N}) / (10^{-4} \text{ m}^2) = 2,4 \text{ N/m}^2$.

Ma consideriamo un altro caso. Supponiamo che, a distanza r dalla carica elettrica puntiforme q, l'intensità del campo elettrico prodotto da q abbia, in unità cgs, valore numerico 1. Domanda: quale sarebbe il valore numerico se la misura venisse espressa in unità internazionali?

Il dato di partenza è

[A] $E = 1$ dyn/statC,

dato che E corrisponde a una forza diviso una carica; oppure anche

[B] $E = 1$ statC/cm^2,

dato che nel particolare caso che qui consideriamo risulta $E = |q|/r^2$.

Se ora, per ottenere la misura in unità internazionali, applichiamo il metodo delle equivalenze alla [A], otteniamo

[C] $E = (1 \times 10^{-5} \text{ N}) / (3^{-1} \times 10^{-9} \text{ C}) = 3 \times 10^4 \text{ N/C}$.

Se invece applichiamo il metodo delle equivalenze alla [B], otteniamo

[D] $E = (3^{-1} \times 10^{-9} \text{ C}) / (10^{-4} \text{ m}^2) = 3^{-1} \times 10^{-5} \text{ C/m}^2$,

un valore nove miliardi di volte più piccolo di quello ottenuto prima. Come diavolo è possibile?

Il fatto è che *non avevamo il diritto* di applicare il metodo delle equivalenze alla [B], per la semplice ragione che, nel Sistema Internazionale, il campo elettrico di una carica puntiforme si deve calcolare non con la relazione $E = |q|/r^2$ ma con la relazione $E = |q|/(4\pi\varepsilon_0 r^2)$, dove ε_0, costante dielettrica (o 'permittività') del vuoto, vale $8,85 \times 10^{-12}$ C^2/(N m^2). Ciò significa prima di tutto che nel Sistema Internazionale un'intensità di campo elettrico non corrisponde affatto a una carica diviso una lunghezza al quadrato, e non può conseguentemente esprimersi – come nella [D] – in C/m^2; e poi che nel Sistema Internazionale il valore numerico di E si ottiene dal valore numerico di $|q|/r^2$ moltiplicando (guarda caso) per nove miliardi... Piano, con le equivalenze!

3 – VETTORIALI, MA NON TROPPO

Citazione

Si dicono vettoriali le grandezze che devono essere definite sia dal punto di vista del valore, sia dal punto di vista della direzione e del verso.

(Autori vari)

Commento

Premetto che, personalmente, trovo del tutto inutile l'artificiosa distinzione tra il concetto di *direzione* e quello di *verso*. Chi l'ha inventata, e perché? Se due punti si vengono incontro lungo una retta, nessuno di noi, nel linguaggio corrente, direbbe che i due punti viaggiano «nella stessa direzione ma in versi opposti»: diremmo invece tutti, con maggiore semplicità e con non minore efficacia, che i due punti viaggiano «in direzioni opposte» (che è precisamente il modo in cui si esprimono, ad esempio, i fisici americani) [1].

Molte altre volte succede, in fisica, di essere costretti a usare le parole del linguaggio corrente in un'accezione del tutto particolare, tecnica, specialistica: quando ad esempio, nell'espletamento delle sue funzioni, un fisico dice *accelerazione*, o *densità*, o *lavoro*, o *calore*, o *energia*, pensa a cose abbastanza diverse da quelle a cui penserebbe se non stesse occupandosi di Fisica. Il che, benché inevitabile, è pur sempre un inconveniente. Ma la distinzione tra *direzione* e *verso* mi sembra un inconveniente evitabilissimo, una pedanteria fine a sé stessa.

Quanto al fatto che delle grandezze vettoriali debba essere specificato non solo il valore, ma anche la direzione (e il verso), nessun dubbio: in caso contrario, i problemi di fisica (per esempio la somma di due forze) sarebbero indeterminati (infinite soluzioni).

Ma c'è una questione sottile. Per come la somma vettoriale viene definita, *l'ordine di successione degli addendi non deve influire sul risultato*: $\vec{p} + \vec{q}$ deve coincidere con $\vec{q} + \vec{p}$ (proprietà commutativa della somma). Ora, ci sono grandezze di tipo direzionale – che cioè devono essere descritte anche in termini di direzione – per le quali la proprietà commutativa della

---

[1] Senza grave pregiudizio, si direbbe, per lo sviluppo della fisica nel loro paese.

somma non vale proprio: dunque tali grandezze non possono essere considerate vettoriali.

Un esempio importante è lo *spostamento angolare*. Che si tratti di una grandezza direzionale risulta immediatamente dalla considerazione che se, di un corpo rigido K, sappiamo solo che, a partire da una data posizione, ha subito una rotazione di 45°, la sua posizione finale nello spazio non ci è ancora nota: e ci resta sconosciuta finché non ci viene specificato *attorno a quale asse e in quale dei due sensi possibili* K ha ruotato (per convenzione, l'asse viene orientato verso un ipotetico osservatore che considera antioraria la rotazione, ed è precisamente questa la direzione della grandezza spostamento angolare). Ebbene, non è difficile rendersi conto che una rotazione $\vec{\alpha}$ seguita da una rotazione $\vec{\beta}$ porta in generale a una posizione finale *diversa* da quella a cui porterebbe la rotazione $\vec{\beta}$ seguita dalla rotazione $\vec{\alpha}$: niente proprietà commutativa della somma per gli spostamenti angolari! [2]

Per la *velocità angolare media* (rapporto tra uno spostamento angolare e un tempo) vale lo stesso discorso.

Viceversa, la proprietà commutativa della somma vale per spostamenti angolari infinitesimi ($d\vec{\alpha}$) e quindi per velocità angolari istantanee ($\vec{\omega} = d\vec{\alpha}/dt$): gli spostamenti angolari infinitesimi e le velocità angolari istantanee sono grandezze non solo direzionali, ma a pieno titolo vettoriali.

---

[2] Chi volesse toccare con mano consideri due rotazioni di 90°, una attorno a un asse diretto orizzontalmente, per esempio verso sinistra, l'altra attorno a un asse diretto verticalmente, per esempio verso l'alto: l'oggetto adatto potrebbe essere questo libro.

4 – SE L'ENERGIA È SUPERIORE ALLA FORZA

Citazione

«Se l'energia di legame è superiore alla forza peso e all'energia cinetica della particella, questa non si muove.»
(*Testo di chimica per il liceo scientifico*)

Commento

È probabile che lo studente nemmeno se ne renda conto, e non subisca quindi particolari traumi: meglio così, perché l'impresa alla quale viene qui chiamato – quella di confrontare un'energia con una forza (o forse, non è molto chiaro, con la somma di una forza con un'energia) – è disperata. Sarebbe come confrontare una velocità con una temperatura, oppure come sommare una lunghezza con un'accelerazione: nessuno al mondo, che io sappia, ha mai osato tanto (tranne forse l'Autore di un testo di geografia generale, il quale, a proposito delle onde del mare, sostiene che «l'altezza dell'onda è pari alla metà della velocità del vento»; oppure gli Autori di un testo di chimica, a detta dei quali «la carica elettrica dell'elettrone risulta, rispetto alla massa, 10^9 volte più grande»). Così, nelle prime pagine di qualsiasi testo di fisica allo studente viene chiaramente fatto capire che, se rinuncerà in futuro al tentativo di confrontare o sommare grandezze eterogenee, sarà meglio per tutti.

Il che non toglie che relazioni matematiche dimensionalmente scorrette si possano trovare anche tra le righe di testi scientifici di livello universitario: ad esempio, in un manuale di elettromagnetismo per ingegneria e fisica si può leggere che «la forza elettrica... compirà un lavoro dato da $dL = \vec{E} \cdot \vec{dl}$». Dato che l'Autore si riferisce alla forza agente su una carica elettrica di valore unitario, sotto l'aspetto strettamente numerico la relazione non fa una grinza. Ma resta il fatto che le grandezze a primo e a secondo membro hanno diverse dimensioni fisiche: a primo membro figura un lavoro, a secondo membro il rapporto tra un lavoro e una carica, cioè un potenziale elettrostatico. E una relazione di uguaglianza tra grandezze eterogenee non ha proprio senso: diciotto joule non sono uguagliabili a diciotto volt. D'altra parte, in un importante testo americano – molto spesso consigliato nelle nostre università – la legge di Coulomb nella forma del Sistema Internazionale viene a un certo punto scritta in questo modo:

$$F = 9 \times 10^9 \, q q' / r^2,$$

quasi che quel 9×10^9 fosse un puro numero, e non invece il valore numerico di una grandezza fisica di cui si doveva indicare una conveniente unità di misura (di solito, il metro su farad, m/F).

Tempo addietro, mi è capitata tra mano una rivista specializzata che, come nell'intestazione viene dichiarato, si prefigge lo scopo di studiare l'atletica leggera «sotto l'aspetto scientifico e tecnico». In un lungo e, a suo modo, interessante articolo dedicato alla meccanica del salto in alto (titolo dell'articolo, *La logica del Fosbury flop*) veniva esposta (e, a scanso di malintesi, abbondantemente illustrata con disegni) la seguente teoria: la velocità con cui l'atleta si stacca da terra si ottiene sommando vettorialmente una velocità orizzontale (quella con cui l'atleta giunge nel punto di stacco) con una forza verticale (la spinta del terreno sull'atleta). Onde poi consolidare la fede del lettore, rimuovendo dalla sua testa ogni eventuale dubbio residuo, venivano proposti alla sua considerazione precisi, e direi micidiali, esempi grafico-numerici: così, si mostrava (vedi figura) che una velocità orizzontale 3,9 (l'unità di misura non veniva menzionata) e una forza verticale 4,5 (idem) danno in definitiva una velocità 6,0 (idem) inclinata di 50° sul piano orizzontale. In buon accordo, bisogna dirlo, col teorema di Pitagora e con la trigonometria.[1]

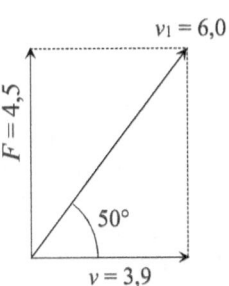

---

[1] Si potrebbe anche osservare che, nella citazione iniziale, l'idea di energia cinetica di una particella «che non si muove» è un po' ardita: tuttavia, chi legge comprende che la particella «che non si muove» è in realtà una particella che, pur continuando a muoversi, resta legata. L'idea invece che il legame di una particella (l'Autore si riferisce alla coesione molecolare) possa essere messo in crisi dal suo peso non è solo ardita: è devastante.

5 – DUE SOLE POSSIBILITÀ

Citazione

«Un corpo ha solo due possibilità di movimento. Può o traslare o ruotare. L'atto di moto di pura traslazione è costituito da uno spostamento che avviene in linea retta. L'atto di moto di pura rotazione è uno spostamento che avviene lungo una circonferenza.»

(Testo di fisica per i licei)

Commento

Due sole possibilità? L'Autore non lo dice, ma indubbiamente si riferisce a un corpo rigido: altrimenti è chiaro che quasi tutto, in fatto di movimento, sarebbe possibile, ogni punto del corpo potendosi muovere in modo diverso dagli altri. Inoltre, l'«atto di moto» è un dato istantaneo, mentre l'idea di spostamento è riferita a tutto un intervallo di tempo: talché, leggere che «l'atto di moto... è uno spostamento» fa decisamente uno strano effetto.

Ma il punto vero è un altro. Il punto è che la traslazione di un corpo K *non implica assolutamente che i suoi punti si spostino in linea retta*. 'Traslazione' significa solo che K si muove mantenendosi parallelo a sé stesso: cioè, presi ad arbitrio due punti di K, la retta che li congiunge si sposta senza mai cambiare direzione. Conseguentemente, tutti i punti di K hanno, in un dato istante, uguale velocità e uguale accelerazione, tutti i punti di K subiscono nello stesso intervallo di tempo spostamenti identici, tutti i punti di K descrivono traiettorie identiche. Di quale forma? *Una forma qualsiasi*. Potrebbero essere rette, ma anche parabole, ellissi, sinusoidi, spirali, e via dicendo. Così, il fatto che i punti di un corpo K si spostino lungo circonferenze non implica assolutamente che il movimento di K debba essere rotatorio: potrebbe benissimo essere un moto di traslazione (si pensi ad esempio al movimento all'indietro del pedale di una bicicletta ferma, supponendo che si mantenga sempre parallelo al terreno)[1].

---

[1] Si noti che un moto traslatorio circolare è ben diverso da un moto di rotazione. Nel primo caso tutti i punti descrivono circonferenze di raggio uguale attorno ad assi paralleli, mentre nel secondo caso le traiettorie sono circonferenze coassiali di raggio diverso.

Ma c'è ancora una possibilità: anzi, parecchie. Una vite che gira su sé stessa penetrando nel legno, che fa? Fa una cosa complicata: ruota e trasla al tempo stesso. Nel senso che il suo movimento, che non è né traslatorio né rotatorio, può essere descritto come una combinazione, o sovrapposizione, di due moti componenti, uno di traslazione e uno di rotazione[2]. Lo stesso si può dire per le ruote di un'automobile che proceda in linea retta: solo che in questo caso la rotazione avviene attorno a un asse che non è parallelo, ma perpendicolare alla direzione di traslazione. Per una trottola invece è diverso. Nella migliore delle ipotesi, il movimento di una trottola è la combinazione di due rotazioni: quella della trottola attorno al proprio asse geometrico, e quella dell'asse attorno alla verticale condotta per il punto d'appoggio (moto di 'precessione'). Se però, come in pratica succede, mentre la trottola gira il punto d'appoggio si sposta, la faccenda si complica, perché nella combinazione entra anche un moto di traslazione con la velocità del punto d'appoggio. E non è ancora finita, perché l'angolo di inclinazione dell'asse della trottola rispetto alla verticale non resta costante, ma oscilla tra un minimo e un massimo (moto di 'nutazione').

Che dire, a questo punto? L'Autore concede ai corpi rigidi «solo due possibilità di movimento»: chi non trasla in linea retta, ruota, o se no sta fermo. Be', forse è troppo severo.

6 – I SEGNI DELL'ACCELERAZIONE

Citazioni

[A] «Se $a > 0$, il moto si dice uniformemente accelerato; se $a < 0$ il moto è uniformemente ritardato.»
(Testo di fisica per il liceo scientifico)

[B] «Se l'equazione è del tipo $x = x_0 + v_0 t - (1/2) a t^2$, significa che il corpo ha accelerazione costante, ma negativa; sta cioè decelerando.»
(Testo di fisica per il liceo scientifico)

[C] «[...] $v = v_0 \pm at$, dove si usa il segno positivo nel caso di moto uniformemente accelerato (ovvero con velocità in costan-

---

2 Così, la velocità di un suo punto P corrisponde alla somma (vettoriale) di due velocità, quella che spetta a P nel moto componente traslatorio e quella che spetta a P nel moto componente rotatorio.

te aumento) e il segno negativo nel caso di moto uniformemente decelerato o ritardato (ovvero con velocità in costante diminuzione).»

(Testo di fisica per il liceo scientifico)

Commento

Moto ritardato, decelerazione... confesso di non sentirmi minimamente attratto da questa terminologia, che mi sembra inerire più al linguaggio di ogni giorno, o al linguaggio tecnico, che non a quello della fisica. Se, quando un punto perde velocità, descriviamo la situazione in termini di «decelerazione» o di «moto ritardato», l'implicazione è che termini come «accelerazione» e «moto accelerato» stiano invece ad indicare che la velocità è in aumento: il che va senz'altro bene quando andiamo in macchina. Ma, piaccia o no, il linguaggio della fisica è un altro: in fisica, sia che la velocità stia aumentando, sia che stia diminuendo, sia che stia anche solo cambiando direzione, la parola è una sola: *accelerazione*.

Tuttavia, in fatto di velocità che diminuiscono e di relative terminologie, c'è di peggio. Perché, contrariamente a quanto gli Autori citati (e uno stuolo di altri) ci insegnano, il significato di «accelerazione negativa» non si identifica affatto con quello di «velocità in diminuzione». L'accelerazione di cui qui si parla non è, evidentemente, il vettore $\vec{a} = \mathrm{d}\vec{v}/\mathrm{d}t$ (non esistono vettori negativi), ma l'accelerazione scalare $a = \mathrm{d}v/\mathrm{d}t$, dove v è la velocità scalare[1]. La velocità scalare risulta positiva se il punto mobile procede nel senso preliminarmente assegnato alla traiettoria (diciamo pure 'in avanti'), negativa in caso contrario. Se è noto il diagramma orario, il valore della velocità scalare a un dato istante t^* si ottiene subito misurando la pendenza (positiva o negativa) della linea oraria a quel dato valore di t [2].

Consideriamo ora il diagramma che fornisce la velocità scalare in funzione del tempo. Che cosa rappresenta, qui, la pendenza? L'accelerazione scalare. E che cosa indica una pendenza nega-

---

[1] La velocità scalare e l'accelerazione scalare corrispondono alle componenti del vettore $\vec{v}$ e del vettore $\vec{a}$ nella direzione della traiettoria (e cioè della tangente alla traiettoria, orientata nel senso della traiettoria).

[2] La 'pendenza' non è altro che il coefficiente angolare della retta tangente (misurato naturalmente leggendo le lunghezze verticali nella scala delle distanze, quelle orizzontali nella scala dei tempi).

tiva? Dipende. Se la velocità è positiva, indica che il punto mobile sta rallentando. *Ma se la velocità è negativa, indica che la velocità del punto mobile è, quanto al valore assoluto, in aumento*: il moto è via via più rapido.

Esempio: sasso lanciato nel vuoto verticalmente verso l'alto. Se vogliamo scrivere le equazioni scalari del moto, dobbiamo dare un segno alle velocità e alle accelerazioni: il che richiede che la traiettoria (la retta verticale passante per il punto di lancio) venga preliminarmente orientata.

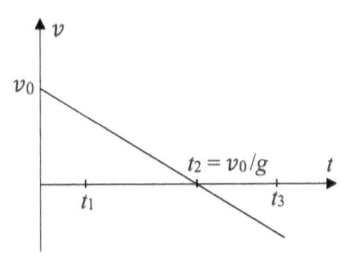

Supponiamo di averla orientata verso l'alto: allora (figura) la velocità di lancio v_0 è positiva, e successivamente la velocità è $v = v_0 - gt$, positiva e via via più piccola per $t < v_0/g$ (come in t_1), nulla per $t = t_2 = v_0/g$, negativa e via via più grande in valore assoluto per $t > v_0/g$ (come in t_3). E com'è fatto il diagramma v, t? È (figura) una retta a pendenza negativa (ecco perché abbiamo preso l'accelerazione di gravità g col segno meno). Così, abbiamo sott'occhio tutti i possibili significati di «accelerazione negativa»:

1. velocità positiva in diminuzione;
2. velocità zero, subito prima positiva, subito dopo negativa;
3. velocità negativa con valore assoluto in aumento.

Visto? Secondo la terminologia di cui sopra, il sasso «decelera» – e più esattamente procede di moto «uniformemente ritardato» solo fino all'istante $t = v_0/g$: e tuttavia l'accelerazione del sasso è sempre negativa, prima e dopo tale istante (e anche in tale istante). Se invece avessimo orientato la traiettoria verso il basso, la velocità di lancio v_0 sarebbe stata negativa (figura), e l'accelerazione sarebbe risultata positiva sia in salita (velo-

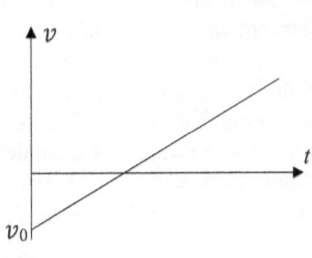

cità di valore assoluto via via minore) che in discesa (velocità in aumento): $v = v_0 + gt$.

Dunque, relativamente al fatto che un punto mobile si stia muovendo in modo sempre più rapido oppure sempre meno rapido, il segno dell'accelerazione dice poco: anzi, niente, se non si conosce insieme il segno della velocità.

7 − DALLA PARTE DEL CENTRO

Citazioni

[A] «Accelerazione centripeta: è la variazione di direzione della velocità che si verifica nell'intervallo di tempo di un secondo.» *(Testo di fisica per il liceo scientifico)*

[B] «L'accelerazione centripeta misura la rapidità con la quale, all'istante considerato, il vettore velocità sta cambiando direzione.» *(Testo di fisica per il liceo scientifico)*

Commento

Dire che la definizione A è infelice è dire niente. Lo studente mediocre ingollerà il tutto senza fare obiezioni, ma lo studente più attento andrà immancabilmente in crisi. Perché proprio «in un secondo»? Supponiamo che un punto P proceda di moto uniforme lungo una circonferenza raggio r con velocità angolare ω = 2π rad/s. In un secondo, P descrive una circonferenza completa tornando esattamente nella posizione precedente: cosicché, all'inizio e alla fine, la direzione di $\vec{v}$ è esattamente la stessa. Dobbiamo forse concludere che l'accelerazione centripeta è zero? Nemmeno per sogno: l'accelerazione centripeta ha modulo costante $a = \omega^2 r$. Per di più, per «variazione di direzione» di un vettore qui non possiamo intendere altro che la distanza angolare tra la direzione precedente e la successiva: a dar retta all'Autore, dunque, l'accelerazione centripeta avrebbe le dimensioni di un angolo diviso un tempo, e si misurerebbe perciò nel Sistema Internazionale non in metri al secondo quadrato, ma in radianti al secondo! Se, per semplicità, si considera un moto circolare, si vede subito che in realtà ciò a cui l'Autore sta pensando non è l'accelerazione centripeta $\omega^2 r$, ma la velocità angolare ω (di P, e insieme del raggio-vettore $\overrightarrow{OP}$ e del

13

vettore $\vec{v}$): che è precisamente quanto nella [B] viene dichiarato. E allora?

Allora l'accelerazione centripeta è un'altra cosa. Il vettore accelerazione ha, in linea generale, questo significato: ci dice *con quale rapidità* il vettore $\vec{v}$ sta variando, e *in quale direzione*. Per definizione, $\vec{a} = d\vec{v}/dt$, dove dt è un intervallo di tempo infinitesimo («tendenzialmente nullo»), e dove $d\vec{v}$ è l'incremento, a sua volta infinitesimo, subìto dal vettore $\vec{v}$ durante dt (velocità finale meno velocità iniziale). Se il modulo di $\vec{a}$ è grande, $d\vec{v}$ è grande in rapporto a dt, il che significa che il vettore $\vec{v}$ sta variando rapidamente. 'Variando' in che senso? Dipende: se i vettori $\vec{a}$ e $\vec{v}$ hanno la stessa direzione, $\vec{v}$ si sta allungando ($d\vec{v}$ è infatti in tal caso diretto come $\vec{v}$), se $\vec{a}$ è invece diretto in senso opposto a $\vec{v}$, $\vec{v}$ si sta accorciando ($d\vec{v}$ è diretto in senso opposto a $\vec{v}$). Se poi $\vec{a}$ è diretto perpendicolarmente a $\vec{v}$, $\vec{v}$ sta solo ruotando ($d\vec{v}$ è perpendicolare a $\vec{v}$, e quindi – essendo $d\vec{v}$ infinitamente piccolo – la lunghezza di $\vec{v}$ non è in variazione). In generale, $d\vec{v}$ non è né parallelo, né perpendicolare a $\vec{v}$: l'accelerazione ammette quindi sia un componente tangenziale, sia un componente trasversale. L'accelerazione centripeta è il componente trasversale. E a questo punto il suo significato dovrebbe essere chiaro: l'accelerazione centripeta misura la rapidità con la quale, all'istante che si considera, il vettore velocità viene 'incrementato trasversalmente': la rapidità quindi con la quale il vettore velocità sta variando per effetto di un cambiamento di direzione. Il valore $\omega^2 r = \omega v$ dell'accelerazione centripeta dipende quindi non solo da ω (cioè dalla «rapidità con la quale il vettore $\vec{v}$ sta cambiando direzione»), ma anche dal modulo di $\vec{v}$ (cioè dalla rapidità con cui il punto mobile P si sta spostando).

Se ad esempio, nel caso della figura qui a lato, supponiamo che il segmento OB stia ruotando nel piano della figura attorno al punto O, e supponiamo che la distanza OA sia la metà

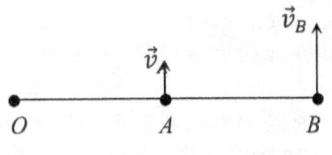

della distanza OB, è chiaro che i punti A e B hanno la stessa velocità angolare, ma che la velocità lineare di B è doppia rispetto a quella di A. I due vettori velocità, $\vec{v}_A$ e $\vec{v}_B$, ruotano mantenendosi sempre paralleli, il che corrisponde a dire che cambiano direzione con la stessa rapidità; ma ciò non impedisce al punto B di avere, rispetto al punto A, un'accelerazione centripeta di valore doppio.

Se ha capito tutto questo, chi sta per la prima volta affrontando la fisica si rallegri: ha capito uno dei punti più importanti, e forse il più difficile, del suo programma di meccanica.

8 – UNA COPPIA CHIAMATA MOMENTO

Citazione

«Un sistema di forze qualsiasi, agente su un corpo rigido, può essere ridotto in generale a una forza e a una coppia [...]. La coppia equivalente è detta 'momento' del sistema di forze e si calcola sommando i momenti rispetto ad un punto (qualunque) delle singole forze.»
(Testo di fisica per le medie superiori)

Commento

Da ciò, lo studente dedurrà automaticamente la seguente regola: calcolando i momenti delle forze rispetto a un punto qualunque[3], e facendone la somma (vettoriale), si ottiene sempre lo stesso risultato. Il che, se da un lato rende bene il senso della fondamentale semplicità delle leggi fisiche, dall'altro purtroppo non risponde al vero. Perché se il punto (o 'polo') prescelto non è più P, ma Q, il momento risultante resta invariato *solo quando la forza risultante $\vec{R}$ è zero*. Il nuovo momento è infatti

$$\vec{M}(Q) = \vec{M}(P) + \overrightarrow{QP} \times \vec{R}.$$

Il discorso doveva essere questo: un qualsiasi sistema di forze applicate a un corpo rigido K può sempre essere sostituito (nel senso che gli effetti sono indistinguibili) da un sistema costituito da una forza $\vec{R}$ applicata in un punto P di K scelto ad arbitrio, e da una coppia il cui momento $\vec{M}$ dipende da come P è stato prescelto: $\vec{R}$ è la somma vettoriale di tutte le forze applicate a K, $\vec{M}$ è la somma dei momenti di tutte le forze rispetto a P. Come caso particolare, può risultare zero la forza $\vec{R}$, o può risultare zero il momento $\vec{M}$, o possono risultare zero entrambi.

---

[3] Uno stesso punto per tutte le forze, beninteso (e tanto valeva dirlo chiaramente).

In quest'ultimo caso sono verificate le condizioni per l'equilibrio.

A parte tutto questo, che la coppia equivalente possa essere detta «momento del sistema» è uno strano discorso. 'Coppia' è il nome di un particolare sistema di forze: il momento di una coppia, invece, corrisponde al prodotto di una forza per una lunghezza. Talché, il meno che si possa dire è che in una coppia chiamata momento c'è qualcosa di equivoco: non c'è da aspettarsi niente di buono.

9 – NONOSTANTE GALILEO

Citazione

«Condizione necessaria e sufficiente perché un corpo rigido [...] sia in equilibrio, è che sia $\vec{R} = 0$ e $\vec{M} = 0$, dove $\vec{R}$ è il risultante del sistema di forze ed $\vec{M}$ è il risultante dei momenti della forze calcolati rispetto ad un punto qualunque.»
(Testo di fisica per le medie superiori)

Commento

Il testo citato è uno solo, ma il vizio è pressoché universale: praticamente tutti gli Autori a me noti parlano di condizione «necessaria e sufficiente».

Più o meno, è quello che pensava Aristotele e che l'umanità ha continuato a pensare per altri duemila anni fino a Galileo. Ed evidentemente è quello che i più – Galileo o non Galileo – continuano imperterriti a pensare. Il fatto è che la doppia condizione di cui sopra *non è assolutamente sufficiente* per l'equilibrio di un corpo rigido, cioè non basta a garantirne lo stato di quiete: è solo necessaria. E, attenzione: è necessaria non solo per un corpo rigido, ma per *qualsiasi* corpo! Vale a dire: se un corpo qualsiasi è in equilibrio, hanno sicuramente valore zero sia la somma delle forze applicate, sia la somma dei momenti (rispetto a uno stesso punto comunque scelto)[4]. Ma se, viceversa, sappiamo che le forze applicate a un corpo rigido soddisfano alle condizioni di cui sopra, non abbiamo nessun di-

---

[4] È chiaro che per un corpo non-rigido in equilibrio, altre condizioni, insieme a questa, dovranno essere verificate: un filo perfettamente flessibile sarà sollecitato solo a trazione, le forze di superficie su un fluido agiranno perpendicolarmente alla superficie, e via dicendo.

ritto di concludere che, di conseguenza, il corpo rigido è in equilibrio.

Ai suoi tempi, Aristotele avrebbe detto: condizione necessaria e sufficiente per l'equilibrio di un punto materiale P è che sia zero la forza risultante. E prima di Galileo nessuno, per quanto almeno ci consta, si è reso conto dell'errore: in effetti, la condizione non è «sufficiente per l'equilibrio di P», è sufficiente invece (oltre che necessaria) *perché la velocità di P si mantenga costante in direzione e valore* (moto rettilineo uniforme). In altre parole: non è vero che «se è zero la forza, è zero la velocità», è vero invece che «se è zero la forza, è zero l'accelerazione». È il principio d'inerzia, la legge più semplice, più fondamentale e, si direbbe, meno intuitiva della fisica.

E per un corpo rigido? Che cosa possiamo dire di un corpo rigido K, una volta appurato che hanno valore zero sia la somma delle forze, sia la somma dei momenti? Possiamo dire che il centro di massa di K ha velocità costante in valore e direzione, e che K ruota attorno a un asse che passa dal suo centro di massa con modalità tali per cui il momento della quantità di moto (o 'momento angolare') di K rispetto al centro di massa risulta costante in direzione e valore. Come caso del tutto particolare, K potrà risultare immobile.

Ma ci resta una possibilità: se, per qualche personale ragione, all'idea della condizione «necessaria e sufficiente» non intendiamo rinunciare, dobbiamo però specificare che la condizione è necessaria e sufficiente non «per l'equilibrio», ma perché le forze applicate siano compatibili con l'equilibrio. Vale a dire: perché, nonostante l'applicazione di forze, l'equilibrio, *che già c'era*, permanga inalterato.

10 – IL FASCINO DELLA SINTESI

Citazione

«La condizione generale di equilibrio di un corpo esteso soggetto ad un sistema di forze $\vec{F}_1, \vec{F}_2, \vec{F}_3 \ldots \vec{F}_n$ e ad un sistema di coppie di momenti $\vec{M}_1, \vec{M}_2 \ldots \vec{M}_n$ è che sia nulla la risultante delle forze e dei momenti applicati, che cioè sia

$\sum_i \vec{F}_i + \sum_i \vec{M}_i = 0$.»

(Testo di fisica per il liceo scientifico)

Commento

Che cosa esattamente sia un «corpo esteso», l'Autore lo ha fatto capire subito prima: è un corpo «rigido non vincolato». Per il resto, che dire? L'Autore evidentemente non resiste al fascino della sintesi, della formulazione compatta delle grandi leggi fisiche: tipo equazioni di Maxwell, per intenderci. Qui l'argomento non è così elevato, non offre spazio ai grandi voli. Non importa, l'Autore vola ugualmente. Vola, e cosa ti combina? Unifica: così come Rubbia e Van der Meer hanno unificato[5] l'interazione elettromagnetica con l'interazione debole (e c'è scappato un premio Nobel), così il Nostro da due ben distinte condizioni, quella che impone l'annullarsi della forza risultante e quella che impone l'annullarsi del momento risultante, ne trae una sola: imponendo, primo nella storia della fisica, che sommando la forza risultante col momento risultante si ottenga zero. Prepariamoci al Nobel.

Cosa ne può trarre lo studente? Come minimo, due conclusioni:

1 – che, pur avendo dimensioni fisiche diverse, forze e momenti possono essere impunemente sommati;

2 – che, in assenza di coppie, il fatto che la risultante delle forze sia zero basta da sola a garantire l'equilibrio: così, ad esempio (figura), se le forze sono tre, le prime due, $\vec{F}_1$ ed $\vec{F}_2$, dirette entrambe verticalmente verso

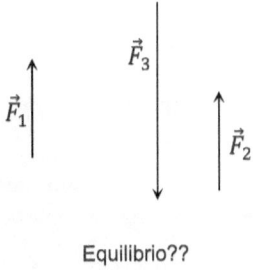

Equilibrio??

---

[5] Verificando sperimentalmente le previsioni di Glashow, Weinberg e Salam.

l'alto con valore 15 N, la terza, $\vec{F}_3$, diretta verticalmente verso il basso con valore 30 N, l'equilibrio è bell'e assicurato, senza che ci si debba preoccupare d'altro. Che le tre forze debbano essere complanari[6], e che la retta d'azione della forza $\vec{F}_3$ debba risultare equidistante dalle altre, in modo che, rispetto ad un punto qualsiasi, sia zero la somma dei momenti, poco importa: sono dettagli. Il che rappresenta una drastica semplificazione delle vecchie teorie. Nessuno si meravigli: è così che la Scienza progredisce, superando continuamente sé stessa[7].

Nota. L'Autore introduce il brano citato presentandolo ai suoi lettori come «coronamento delle nostre discussioni». Come dire, un traguardo.

---

[6] Si veda per questo il prossimo capitolo.

[7] Per la verità, sono parecchi gli Autori che hanno avuto la stessa intuizione: ma in una forma, come dire, più embrionale, non essendo costoro stati capaci di emanciparsi dalla vecchia idea che di condizioni per l'equilibrio ne servano due. Il fatto nuovo in questi casi sta solo nel significato che alla seconda delle due condizioni (quella che impone che sia zero la somma dei momenti) viene attribuito: deve essere zero la somma dei momenti *delle coppie applicate*. Così, si arriva per vie diverse alla stessa conclusione: in assenza di coppie, l'equilibrio richiede solo che la forza risultante sia zero.

11 – COMPLANARI PER L'EQUILIBRIO

Citazione

«Si dimostri che, perché un corpo rigido sia in equilibrio sotto
l'azione di tre forze, le tre forze devono risultare complanari.

Soluzione. Se la forza risultante è zero, come richiesto per
l'equilibrio, la linea poligonale costruita con i tre vettori-forza
è un triangolo: quindi giace tutta in un unico piano, il che dimostra la tesi.»

(Testo di fisica per il liceo scientifico)

Commento

Asciutta, essenziale, la risposta è di un'eleganza rara. Ha però
un difetto: non funziona. Sarebbe come dire che, per il fatto che
due forze hanno la stessa direzione (e quindi, rappresentate gra-
ficamente una di seguito all'altra per effettuarne la somma,
stanno sulla stessa retta) le due forze hanno necessariamente,
nella realtà fisica, la stessa retta d'azione.

La poligonale delle forze è solo una nostra rappresentazione
mentale, o tutt'al più un nostro disegno: che ci informa sul valore delle forze e sulla loro direzione, ma non ci dice assolutamente nulla su quali siano, nell'ambito del sistema interessato,
gli effettivi punti d'applicazione delle forze, e quindi su quali
siano in realtà, tra le infinite possibili, le effettive rette d'azione.

La risposta poteva essere data in questi termini. Siano $\vec{A}$, $\vec{B}$ e
$\vec{C}$ (figura) le tre forze in questione, sia K un punto qualsiasi sulla
retta d'azione di $\vec{A}$. Per l'equilibrio è necessario che rispetto a
K (come rispetto a qualsiasi altro punto) la somma dei tre mo-

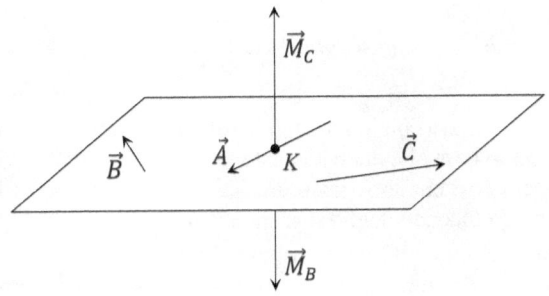

menti sia uguale a zero. Essendo zero, data la posizione di K, il momento di $\vec{A}$, deve essere zero la somma dei momenti di $\vec{B}$ e $\vec{C}$: perciò il momento $\vec{M}_B$ e il momento $\vec{M}_C$ hanno direzione opposta. E conseguentemente il piano (perpendicolare a $\vec{M}_B$ per definizione di momento di una forza) contenente K e la forza $\vec{B}$ è tutt'uno col piano (perpendicolare a $\vec{M}_C$) contenente K e la forza $\vec{C}$: in altre parole, $\vec{B}$ e $\vec{C}$ sono complanari. Che a tale piano appartenga anche la forza $\vec{A}$ si desume subito dal fatto che nel piano si trova K, che è stato scelto sulla retta d'azione di $\vec{A}$ in modo del tutto ad arbitrio.

Sì, è vero: rispetto all'altra, questa dimostrazione è un po' più laboriosa. In compenso, funziona. E il particolare ha la sua importanza.

12 – UNA GRAN BRUTTA ESPERIENZA

Citazione

«Esperienza n. 43: il baricentro. Sospendi in un punto qualunque con un filo dotato di nodo a un capo un disco di cartone forato: lo vedrai sbandare da un lato. Sospendilo allo stesso modo nel suo centro: lo vedrai sospeso orizzontalmente senza sbandamenti [...]. Si è così dimostrato sperimentalmente che quando la reazione del vincolo è applicata nel suo baricentro un corpo risulta in equilibrio.»

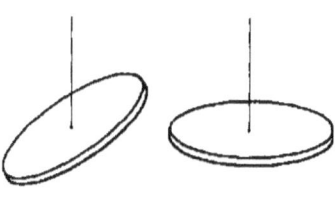

(Testo di Scienze per la scuola media)

Commento

Il capitolo iniziava con le seguenti parole: «Illustreremo alcune esperienze in base alle quali acquisteremo dei concetti di fisica. Dedurremo così che la fisica è una scienza sperimentale, cioè che s'impara facendo degli esperimenti».

Pagato in tal modo il proprio tributo all'imperante retorica del laboratorio, l'Autore si mette il cuore in pace, sentendosi ormai al di sopra di ogni sospetto: e dà senz'altro inizio alla discussione delle esperienze. Sennonché, la via per imparare la fisica non è poi così semplice: magari bastasse fare degli esperimenti! Purtroppo, occorre anche capirli: senza di che, meglio sarebbe non farne, o casomai dimenticarsene al più presto.

Per esempio, che il disco si disponga orizzontalmente è senz'altro un'ottima cosa (anche perché, al di là delle assicurazioni dell'Autore, riuscirci non è uno scherzo). Ma che cos'ha a che fare tutto questo con l'equilibrio? Forse che il concetto di equilibrio implica quello di orizzontalità? Forse che il disco che «sbanda da un lato» non è anche lui in equilibrio?

Inoltre: come mai, quando il filo viene fatto passare nel foro centrale, il disco si dispone orizzontalmente? Forse perché, come il testo suggerisce, «la reazione del vincolo è applicata al baricentro»? Ma no: se la reazione del vincolo fosse veramente applicata al baricentro (operazione ai limiti delle possibilità operative, visto che il baricentro si trova, sull'asse geometrico del disco, a metà dello spessore), allora per il disco *qualunque* posizione andrebbe bene, quella orizzontale come quella verticale come qualsiasi altra: sarebbero tutte posizioni di equilibrio[1]. La ragione dunque è un'altra. Quale che sia il foro attraverso il quale il filo è stato fatto passare, l'equilibrio del sistema filo + disco richiede che le due forze esterne (il peso del disco e la forza $\vec{F}$ all'estremità superiore del filo):

(*a*) siano uguali e contrarie (quindi, in caso di equilibrio la forza $\vec{F}$ è verticale come il peso, e pertanto il filo è diretto verticalmente[2]);

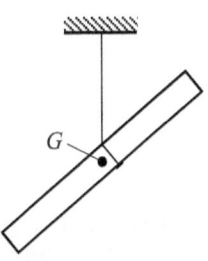

(*b*) abbiano la stessa retta d'azione (quindi il baricentro, nel quale possiamo qui 'fingere' che sia applicata la forza peso, si trova sul prolungamento del filo).

---

[1] È ciò che accade per un qualsiasi corpo rigido, girevole senza attrito attorno a un asse orizzontale passante per il baricentro, quando è soggetto solo al peso e alla reazione del vincolo.

[2] Se il filo è soggetto, al suo estremo superiore, a una forza verticale, anche il filo esercita sul punto di attacco una forza verticale. Il filo si dispone quindi verticalmente, perché in condizioni di equilibrio un filo (perfettamente flessibile) può solo 'tirare' (cfr. cap. 25).

22

Il disco è perciò inclinato (figura) *tanto quanto serve perché il baricentro G si trovi esattamente sul prolungamento del filo* (e quindi nella posizione più bassa possibile)[3]. Il che, quando il foro passa da *G*, implica che il disco sia orizzontale.

Osservazione. L'Autore è convinto di aver «dimostrato sperimentalmente» che l'equilibrio di un corpo pesante richiede che la reazione del vincolo sia applicata nel baricentro. Sarei curioso di vedere come fa quando deve attaccare un quadro.

13 – EQUILIBRIO STABILE, ANZI PRECARIO

Citazione

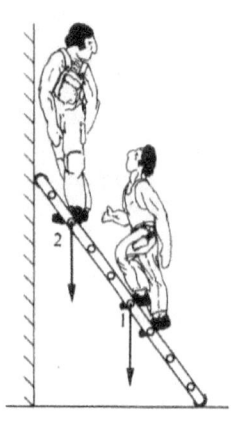

«Un uomo sale su una scala a pioli appoggiata a una parete come in fig. 5.13; è più precario l'equilibrio sui primi gradini (posizione 1) o sugli ultimi (posizione 2)?
Risposta. Nella posizione 2 l'equilibrio è indubbiamente meno stabile: infatti è noto che l'equilibrio di un sistema è tanto più stabile quanto minore è la corrispondente energia potenziale. La posizione 2 è caratterizzata da una maggiore energia potenziale rispetto alla posizione 1, pertanto essa è meno stabile.»
(Testo di fisica per il liceo scientifico)

Fig. 5.13

Commento

Nel contesto di un problema di fisica, la precarietà dell'equilibrio è una categoria di non immediata identificazione. Se, per esempio, l'Autore intendesse dire che la posizione 2 – la più

---

[3] Se *d* (figura a lato) è la distanza del foro dall'asse geometrico del disco e *h* è lo spessore del disco, l'angolo α tra la perpendicolare al disco e la verticale (o tra il piano del disco e il piano orizzontale) sarà definito da $\mathrm{tg}\,\alpha = d/(h/2)$.

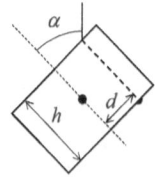

«precaria» – è la più pericolosa, sarebbe difficile non dargli ragione, e ciò per almeno due motivi:

1° – quando si cade da una scala è normalmente preferibile, come comprovato da tutta una serie di esperienze, cadere dai gradini più in basso;

2° – per l'uomo che sale la posizione 2 è certamente più prossima della 1 alle posizioni di non equilibrio[4]: e forse è addirittura l'ultima tra le posizioni di equilibrio. Talché, per chi si trovasse in tale posizione c'è poco da fare dello spirito: un passo ancora, e magari anche solo un colpo di tosse o uno starnuto, e potrebbe essere la fine.

Sennonché, nella risposta l'Autore svela le proprie vere intenzioni: parlando di equilibrio «più precario», intendeva in realtà «equilibrio stabile, ma un po' meno». Qualcuno potrebbe allora osservare che parlare di stabilità più o meno grande non rientra nella normale terminologia della fisica, secondo la quale, o l'equilibrio è stabile, o non lo è: e se è stabile, è stabile e basta[5].

Tuttavia, è pur vero che, sotto l'aspetto del mantenimento dell'equilibrio, la situazione A (fig.1) offre qualche garan-

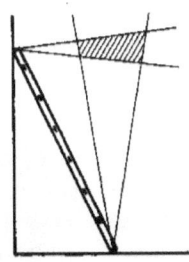

Fig. 1

---

[4] Se supponiamo di poter trascurare, in prima approssimazione, il peso della scala in rapporto al peso dell'uomo, possiamo schematizzare il problema assumendo che la scala sia soggetta a tre forze complanari: le due reazioni d'appoggio (muro e pavimento) e la forza esercitata dall'uomo (uguale, *finché il tutto è in equilibrio,* al peso dell'uomo). L'equilibrio della scala richiede che le tre forze in questione concorrano in un unico punto: dato allora che le reazioni d'appoggio non possono risultare esterne ai rispettivi angoli d'attrito, la verticale condotta per il 'punto' di contatto uomo-scala deve passare all'interno (o tutt'al più al limite) dell'area comune ai due angoli d'attrito (tratteggiata in figura).

[5] L'equilibrio di un corpo K si dice 'stabile' quando nelle posizioni immediatamente prossime a quella di equilibrio le forze agenti su K tendono a spostare K verso la posizione di equilibrio.

zia in più rispetto alla situazione B, a sua volta più rassicurante della situazione C[6].

Il vero problema comunque è un altro. L'Autore dice: «infatti è noto che l'equilibrio di un sistema è tanto più stabile...». Chissà cosa gli fa pensare che i suoi lettori debbano essere in possesso di informazioni di tal fatta! Lui stesso si guarda bene, in precedenza, dal diffondere simili notizie: si limita a segnalare, e ben a ragione, che a una condizione di equilibrio stabile corrisponde un minimo per l'energia potenziale[7], senza in alcun modo alludere alla possibilità che certi minimi siano ancora più minimi.

Possibilità che, inutile dirlo, non esiste. Se una pallina si trova sul fondo di una scodella, il fatto che la sua energia potenziale gravitazionale aumenti quando, dal pavimento, la scodella viene spostata sul tavolo è, dal punto di vista dell'equilibrio, del tutto irrilevante: l'energia potenziale della pallina è comunque a un minimo, e tanto basta perché l'equilibrio si debba, in entrambi i casi e senza favoritismi, considerare stabile. Se poi la pallina venisse riportata in basso, a diretto contatto del pavimento (niente scodella), al danno si aggiungerebbe la beffa: sì, l'energia potenziale della pallina diminuirebbe: ma, ben lungi dal risultare ancora più stabile, l'equilibrio risulterebbe ora degradato a indifferente.

14 – SOLO AL LIMITE DELL'EQUILIBRIO

Citazioni

[A] «Un corpo di massa $M_2 = 4$ kg scorre su un piano inclinato scabro che forma un angolo $\alpha = 45°$ con l'orizzontale. A tale corpo è collegato un filo inestensibile e non pesante che si avvolge intorno a una carrucola fissa e quindi intorno a una mobile che reca un contrappeso di massa $M_1 = 6$ kg. Quindi esso si riavvolge intorno ad un'altra carrucola fissa ed è collegato ad una molla di massa trascurabile e costante elastica $k = 980$ N/m.

---

[6] Nel caso A occorrerebbero evidentemente perturbazioni più violente per allontanare la pallina dalla posizione di equilibrio.

[7] Se, a partire dalla posizione di equilibrio stabile, K subisce un piccolo spostamento (consentito dai vincoli), il lavoro delle forze è negativo, e l'energia potenziale aumenta.

Determinare l'allungamento della molla all'equilibrio, il coefficiente di attrito μ e la tensione della fune.»

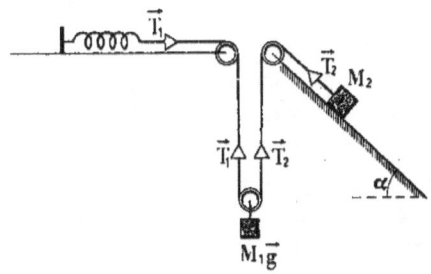

[B] «Per il corpo M_2, proiettando su un asse orientato verso l'alto nel piano e tenendo conto della forza di attrito $F_a = \mu N$, dove N è la componente della forza peso secondo la normale al piano, otteniamo

$T_2 - \mu M_2 g \cos\alpha - M_2 g \sin\alpha = 0$.»

[C] «Tenendo conto che, essendo le funi inestensibili, è $T_1 = T_2 = T$ [...]»

(Testo universitario per ingegneria e fisica)

Commento

Penso che lo studente avrebbe qualche buona ragione per rivolgere a sua volta alcune domande all'Autore: almeno quattro.

Prima domanda: a che pro è stato specificato che la molla ha massa trascurabile? Cosa cambierebbe, nella soluzione del problema, se la molla avesse massa 100 kg?

Seconda domanda: per quale ragione la forza di attrito viene senz'altro espressa come μN? Questo è il valore *massimo* della forza statica di attrito: il valore, cioè, della forza di attrito al limite dell'equilibrio. Che cosa ci autorizza a decidere che il blocco M_2 si trova proprio in tali condizioni?

Terza domanda: come mai, nella relazione che esprime l'equilibrio di M_2 (proposizione [B]), la forza di attrito si considera senz'altro diretta dalla parte opposta della forza $\vec{T}_2$?

Quarta domanda: per quale ragione la relazione $T_1 = T_2 = T$ (proposizione [C]) viene derivata dalla inestensibilità del filo? Quale sarebbe la relazione tra T_1 e T_2 se, ad esempio, il filo fosse elastico?

A questo punto l'Autore, che è persona intelligente e spiritosa, riconoscerebbe subito di averne combinate di tutti i colori: e in quattro e quattr'otto tutto verrebbe chiarito. Nell'attesa, proviamo a rispondere noi.

1. Cosa cambierebbe? Niente. Per poter affermare che la forza esercitata sulla molla (o dalla molla) è kx, sapere che la molla è in equilibrio è tutto quello che serve.

2. È vero, non abbiamo gli elementi per stabilire che il blocco si trovi al limite dell'equilibrio. Cosicché, non potendosi la forza di attrito F_a esprimere come μN, il problema è indeterminato: possiamo ricavare la forza di attrito, ma non il coefficiente μ.

3. Se la forza del filo su M_2 fosse per caso inferiore al componente tangenziale del peso (come potrebbe accadere per una più forte inclinazione del piano), $\vec{F}_a$ avrebbe in effetti la stessa direzione di $\vec{T}_2$. Il testo doveva precisare che la direzione assegnata alla forza di attrito era solo provvisoria: e avvertire che nel caso, a conti fatti, il valore di $\vec{F}_a$ fosse risultato negativo, ciò avrebbe indicato che avevamo scelto la direzione sbagliata. Più direttamente, si poteva osservare che la forza esercitata su M_2 dal filo (3 kg) è più grande del componente tangenziale del peso di M_2 ($P_2 \operatorname{sen}\alpha = 2,83$ kg), e che quindi l'equilibrio di M_2 richiede che l'attrito agisca verso il basso.

4. In effetti, l'inestensibilità del filo non c'entra: se il filo fosse elastico (ma privo di peso), la tensione sarebbe comunque uguale in ogni punto. Per ognuna delle tre carrucole l'uguaglianza della tensione del filo 'a monte' e 'a valle' deriva non dalla inestensibilità del filo, ma dal fatto che il sistema filo + carrucola è in equilibrio: perciò sono sicuramente verificate le condizioni di equilibrio del corpo rigido[1], e in particolare è sicuramente zero la somma dei momenti delle forze rispetto al centro della carrucola: di qui, l'uguaglianza delle due tensioni. Ma attenzione, sarebbe stato necessario precisare: per tutte e tre le carrucole, che non c'è attrito tra carrucola e

---

[1] Il filo ovviamente non è un corpo rigido: ma il postulato dei vincoli addizionali (così prezioso, e cosi poco considerato nei libri di testo) stabilisce che le forze agenti su un *qualsiasi* sistema in equilibrio soddisfano – oltre che ad altre condizioni – anche alle condizioni di equilibrio del corpo rigido.

perno[2]; per la carrucola mobile, che il peso P della carrucola è trascurabile rispetto a quello del blocco sospeso[3].

5. Ancora un'osservazione: il disegno assegna alla forza $\vec{T}_1$ due diverse direzioni, orizzontale verso destra ma anche verticale verso l'alto. Due direzioni diverse anche per $\vec{T}_2$. E non è una buona cosa.

15 – COME TIRARE UN LIQUIDO

Citazione

Un liquido in quiete può resistere solo a forze di compressione.
(Autori vari)

Commento

Peccato! Un avverbio, un solo avverbio in più e l'affermazione sarebbe stata perfetta. Così com'è, invece, si presta a qualche riserva. È vero, un liquido in quiete non può resistere a forze che agiscano, sulla superficie che lo delimita, tangenzialmente alla superficie: questa è, si potrebbe dire, la definizione stessa di fluido[4]. Ma la forza con cui in un liquido le molecole si attraggono è grande[5], e di molecole ce ne sono in abbondanza. Cosicché dobbiamo aspettarci che, in condizioni opportune, un liquido possa in realtà resistere anche a carichi di trazione tutt'altro che indifferenti.

---

[2] In caso contrario, una differenza di valore nelle due tensioni potrebbe essere compensata (ai fini dell'uguaglianza a zero della somma dei momenti) dalle forze di attrito.

[3] Altrimenti la tensione del filo che sostiene la carrucola sarebbe non $M_1 g/2$ ma $M_1 g/2 + P/2$.

[4] Le forze tangenziali tendono a produrre lo scorrimento delle molecole le une sulle altre, cioè la 'deformazione' del fluido: dal che il fluido si difende con una sorta di attrito interno che, più specificamente, viene denominato *viscosità*. Ma la viscosità diminuisce assieme alla velocità di deformazione, e tende a zero quando la velocità di deformazione tende a zero. Perciò, un fluido che non si sta deformando – un fluido in equilibrio – è totalmente privo di viscosità: la più piccola forza tangenziale lo mette senz'altro in crisi.

[5] Nell'interazione tra molecole, l'attrazione di origine elettrica è incomparabilmente più forte dell'attrazione di origine gravitazionale (cfr. cap. 74).

Sappiamo tutti, per esempio, che staccare l'una dall'altra due lastrine di vetro tra le quali è interposto un velo d'acqua può non essere tanto semplice (conviene farle scorrere l'una sull'altra). E le gocce di pioggia appese ai fili della luce, non resistono forse al carico di trazione verso il basso dovuto al loro stesso peso? Per di più, i botanici ci assicurano che la trazione di liquidi è una faccenda normalissima nei sottili condotti delle piante.

Ma c'è ben altro. Immaginiamo che un liquido riempia completamente un contenitore cilindrico: una delle due basi del cilindro sia fissa, l'altra sia costituita da un pistone scorrevole a perfetta tenuta, tipo siringa. Se cerchiamo di spostare il pistone verso il liquido, il liquido opporrà una grandissima resistenza alla compressione: anche sotto carichi elevatissimi, il suo volume non subirebbe in pratica variazioni.

Se invece spostiamo il pistone nel senso opposto, che accadrà? *Normalmente* (ecco l'avverbio che mancava!), niente di interessante: il pistone si staccherà dal liquido, trascinando con sé solo alcune gocce. Ma se le superfici a contatto del liquido sono perfettamente sgrassate, può anche accadere che il liquido si opponga al di là di ogni nostra previsione allo spostamento del pistone, resistendo talvolta a trazioni straordinariamente elevate. Esperienze effettuate con acqua hanno mostrato che l'acqua poteva resistere a carichi di trazione dell'ordine di 300 kg/cm^2: non male, per un materiale che «resiste solo a compressione»! Beninteso, a tali livelli di sollecitazione l'equilibrio è altamente instabile. Ma ce n'è abbastanza perché l'affermazione riportata all'inizio debba essere considerata, in mancanza di avverbi, un po' troppo drastica.

16 – L'EQUILIBRIO DEL MARE IN BURRASCA

Citazione

[A] «Un fluido è in equilibrio se le forze agenti su di esso dall'esterno sono equilibrate dalle reazioni interne.»

[B] «Supponiamo che la superficie libera di un li-

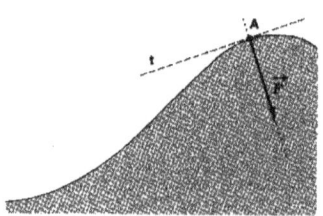

quido abbia la forma illustrata nella figura (potrebbe trattarsi, per esempio, della superficie del mare in burrasca). Se la risultante $\vec{F}$ delle forze agenti dall'esterno su un qualunque punto A è perpendicolare alla superficie, il liquido in tale punto è in equilibrio poiché l'azione di $\vec{F}$ è equilibrata dalla reazione del liquido.»

[C] «Possiamo quindi concludere che la superficie libera di un liquido è una superficie di equilibrio se la sua forma è tale da essere in ogni punto perpendicolare alla risultante delle forze esterne agenti sul punto considerato. Tale conclusione è in perfetta armonia con l'esperienza.»

(Testo di fisica per il liceo scientifico)

Commento

Quello che la proposizione [A] lascia solo intravedere – la possibilità che le reazioni interne, queste forze così spesso sottovalutate, siano in grado di risolvere a volte i problemi di equilibrio più disperati – trova piena convalida nella proposizione [B]. Sì, l'idea che la superficie del mare in burrasca possa essere assunta ad esempio di superficie di un liquido in equilibrio è ardita, e potrebbe mettere in difficoltà più di un lettore: ma subito viene chiarito che il punto A della figura, la cui situazione parrebbe a prima vista, sotto il profilo della statica, gravemente compromessa, si trova in realtà in equilibrio grazie al pronto intervento delle reazioni interne.

Ma è la proposizione [C] quella che rasserena definitivamente il lettore: ciò che la forza del pensiero ha previsto, è attestato altresì dall'esperienza: l'armonia è perfetta. Un tale dunque si accanisce, chissà perché, a prendere a martellate la superficie di un liquido? Niente paura: purché la martellata sia ben diretta, e colpisca la superficie sotto un angolo di 90°, l'equilibrio è salvo. Chi ringraziare? L'Autore questa volta non lo dice, preferisce responsabilizzare il lettore: comprenda chi può. Per conto mio non ho dubbi: sono state le reazioni interne...

17 – UNA MEMBRANA POCO ELASTICA

Citazione

«Se immergiamo il telaio in acqua saponata e lo estraiamo, osserviamo che l'angolo θ diminuisce per la presenza della lamina liquida e, se lo si vuole riportare al valore originale, si deve applicare una forza $\vec{F}$ in C per
equilibrare le forze sorte nella lamina liquida.»

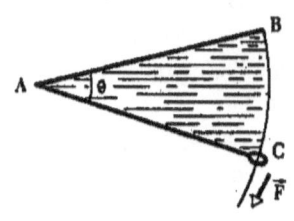

(Testo universitario per ingegneria e fisica)

Commento

La figura non lo mostra, né l'Autore, descrivendo il marchinge-
gno, si preoccupa di dircelo: ma è chiaro che nel punto A c'è
qualcosa di simile a una cerniera: altrimenti abbiamo un bel gio-
care con l'acqua saponata, l'angolo θ non diminuisce proprio.

Ma non è questo il punto. Il punto è che la forza $\vec{F}$ deve essere
applicata non per «riportare θ al valore originale», ma semplicemente *per mantenere θ a un qualsivoglia valore costante.*
La forza da applicare per neutralizzare gli effetti della tensione
superficiale è sempre esattamente la stessa, quale che sia il
valore di θ!

Il che differenzia nettamente il comportamento di una lamina
liquida da quello di una membrana elastica, dalla quale prover-
rebbero – in condizioni statiche – forze proporzionali alla deformazione: cosicché la forza da applicare per mantenere la deformazione a un valore stazionario sarebbe a sua volta proporzionale alla deformazione della membrana. Molti sono gli Autori che, per descrivere gli effetti della tensione superficiale, pa-
ragonano la superficie di un liquido a una membrana elastica. È
un modello efficace, «intuitivo»: e in ciò consiste il pericolo,
perché una membrana elastica è davvero un'altra cosa.

18 – COME TI SISTEMO IL CAPPIO

Citazione

«Se immergiamo tutto in acqua saponata e foriamo con uno spillo l'interno del profilo del filo di cotone, una volta estratto il telaio dall'acqua, esso si atteggia a circonferenza e la lamina liquida scompare dall'interno ad indicare che essa si dispone secondo l'area minima, dato che il cerchio è la figura di area massima a parità di perimetro (contorno del filo di cotone).»
(Testo universitario per ingegneria e fisica)

Commento

Il lettore che non sia pratico di queste cose sentirà il bisogno di rileggere il periodo almeno una seconda volta: anche per sincerarsi che ciò che si atteggia a circonferenza non sia per il caso il telaietto...

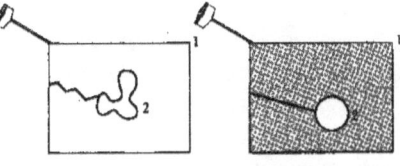

Tuttavia, a parte l'esposizione forse non limpidissima, il discorso non fa una grinza: la grinza arriva dall'illustrazione.

Che il cappio assuma forma circolare, è precisamente ciò che serve a rendere massima, a parità di perimetro, l'area racchiusa, e quindi a rendere minima la superficie della lamina liquida che lo circonda: che è proprio l'effetto che dalla tensione superficiale ci dobbiamo attendere.

Con questo però la tensione superficiale ha esaurito il suo compito: pretendere che, per effetto della tensione superficiale, il filo che collega il cappio al telaietto assuma una configurazione rettilinea (come dalla seconda figura inequivocabilmente risulta) è francamente troppo. Chi non ne fosse persuaso, si chieda: forse che l'area della lamina liquida sarebbe maggiore nel caso il filo di collegamento mantenesse un andamento curvilineo? Evidentemente no: sarebbe comunque uguale alla differenza tra l'area racchiusa dal telaietto e l'area racchiusa dal cappio. E allora, per quale ragione al mondo il filo dovrebbe assumere una configurazione tanto poco naturale? *Cui prodest?*

19 – IL CENTRO NON C'ENTRA

Citazione

«Consideriamo una molecola posta sulla superficie libera del liquido: essa è soggetta, oltre al peso, la cui entità è trascurabile, all'azione di due forze, una forza di adesione, orizzontale e orientata verso la parete più vicina, ed una forza di coesione,

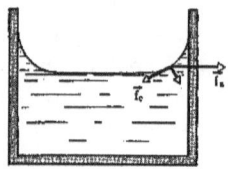

orientata verso il centro di massa del liquido.»
(Testo universitario per ingegneria e fisica)

Commento

Il testo è autorevole, autorevolissimo: ciò nonostante, i conti non tornano.

È risaputo che la forza attrattiva tra molecole va rapidamente a zero al crescere della distanza, e si può ritenere senz'altro nulla alla distanza di pochi 'diametri' molecolari: in pratica, alla distanza di pochi angstrom (1 Å = 10^{-10} m). E come potrebbe una molecola come quella della figura, piazzata nel pieno del cosiddetto menisco[6], venire attratta dalle molecole della parete? Dovremmo forse credere che il menisco si sviluppi su una distanza di pochi angstrom? Macché, il menisco si riconosce distintamente a occhio nudo... La verità è che la stragrande maggioranza delle molecole poste sulla superficie del liquido in corrispondenza del menisco *ignora totalmente,* per così dire, l'esistenza della parete.

Stesso discorso per le forze di coesione: la molecola di cui sopra interagisce solo con le molecole circostanti. Che ne sa, la molecola, del centro di massa? Forse che, cambiando la posizione del centro di massa, cambierebbe anche la direzione della forza di coesione sulle molecole del menisco? Siamo all'assurdo: stiamo dicendo che, man mano che una bottiglia viene riempita d'acqua, la forza di coesione sulle molecole del menisco continua a cambiare direzione: da pressoché orizzontale (quan-

---

[6] Quella parte della superficie di un liquido che, in prossimità della parete del recipiente, si incurva verso l'alto (acqua) oppure verso il basso (mercurio).

33

do il liquido raggiunge solo un'altezza di pochi millimetri) a quasi verticale (quando il liquido è arrivato al collo della bottiglia).

Il che comporterebbe, tra l'altro, questa fenomenale conseguenza: qualsiasi spostamento del centro di massa modificherebbe la forma del menisco. Nella fig. 2 (acqua su mercurio) il

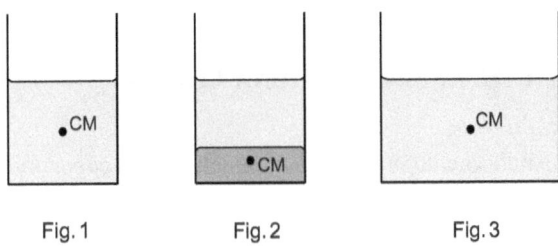

Fig. 1   Fig. 2   Fig. 3

centro di massa è più basso che nella 1 (solo acqua), nella fig. 3 il centro di massa è invece, rispetto al menisco, spostato lateralmente. Ebbene, nei tre casi il menisco dovrebbe avere una forma diversa... vogliamo provare?

Ma c'è un'obiezione più radicale: a che titolo, nel contesto di un discorso sulla coesione molecolare, viene tirato in ballo il centro di massa? Quasi che la coesione molecolare avesse origine gravitazionale, e non invece elettrica! [7]

La statica del menisco non è una faccenda molto semplice, ma una cosa è certa: per quasi tutte le molecole poste sul menisco, la forza di coesione risultante è in realtà diretta per simmetria (esattamente come per le molecole di tutto il resto della superficie) *perpendicolarmente alla superficie,* dal-

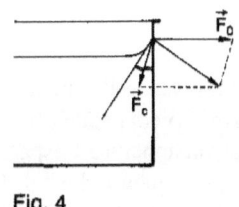

Fig. 4

---

[7] Si noti per inciso che le forze gravitazionali non possono assolutamente essere valutate localizzando la massa dei corpi nel rispettivo centro di massa (cfr. cap. 30). Quand'anche l'interazione tra una molecola del menisco e tutte le altre fosse di tipo gravitazionale, la forza sulla molecola *non sarebbe affatto diretta verso il centro di massa.*

l'esterno (del liquido) verso l'interno. Solo per le molecole che si trovano nelle immediate adiacenze della parete del contenitore la situazione è diversa: da un lato, si fanno violentemente sentire anche le forze di adesione alle molecole del recipiente; dall'altro, la simmetria richiede questa volta che le forze di coesione siano dirette (fig. 4) lungo la bisettrice dell'angolo 'di attacco' (angolo tra superficie del liquido e parete del recipiente).

20 – CHE EFFETTO FA UNA COPPIA

Citazione

«È visibile che la rotazione determinata da una coppia di forze applicate in A e B avviene attorno a una retta perpendicolare al piano della coppia, passante per il centro O di AB.»
(Testo di fisica per il liceo scientifico)

Commento

Ricordo di aver trovato, anni addietro, lo stesso tremendo svarione nel testo di Fisica Generale di uno studente di Medicina. Qui il problema si pone già con le prime due parole: «è visibile». L'espressione è inconsueta: che cosa, esattamente, avrà voluto dire l'Autore?

I casi sono due: o intendeva dire «è facilmente immaginabile, lo capirebbe chiunque», oppure intendeva dire «come si potrebbe facilmente verificare con i propri occhi». Il primo caso è il più probabile, e il più favorevole. Dopo tutto, che l'effetto di una coppia di forze applicate in A e B sia una rotazione attorno a un asse «passante per il centro O di AB» è falso, ma almeno non offende l'intuizione: la quale anzi, per quello che può valere, è pienamente d'accordo. Se invece – secondo caso – l'Autore si appella all'esperienza, bara: non essendo l'effetto di una coppia quello che lui dice, non c'è esperienza al mondo che possa convalidare il suo asserto. Immaginare gli effetti di una esperienza può essere utile (lo faceva anche Galileo), ma si prendono rischi tremendi. E comunque, che l'esperienza è solo immaginaria bisogna dirlo.

Una delle idee più utili della Meccanica è la seguente: il centro di massa di un *qualsiasi* sistema fisico si comporta (si muove) come se in esso fosse concentrata la massa dell'intero sistema, e ad esso fossero applicate tutte le forze agenti sul sistema.

Conseguenza: *il centro di massa non può entrare in movimento per effetto di un sistema di forze a risultante zero*, come ad esempio una coppia. Pertanto, qualunque cosa possa suggerire l'intuizione, l'effetto di una coppia di forze applicate in A e B a un corpo rigido K (figura) è una rotazione attorno a un asse che passa *non dal punto medio di AB, ma dal centro di massa di K*[1]. Non sarà particolarmente «visibile», ma almeno è vero.

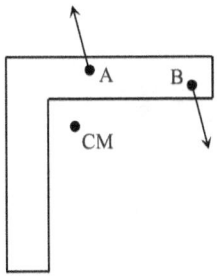

---

[1] Chiaramente, è solo un effetto tendenziale: possiamo cioè osservarlo solo se la coppia viene applicata a un corpo rigido in quiete, e se il corpo è libero da vincoli capaci di contrastare ed alterare – per esempio attraverso l'attrito – l'effetto della coppia. Si noti anche che, contrariamente a quanto si sostiene nella frase citata, l'asse di rotazione *non è*, in generale, diretto perpendicolarmente al piano della coppia (ciò avviene solo se la perpendicolare al piano della coppia ha la direzione di uno degli assi principali d'inerzia dell'oggetto considerato).

21 – CHE EFFETTO FA UNA FORZA

Citazioni

[A] «Infatti una singola forza applicata a un sistema rigido libero produce sempre un movimento traslatorio.»
(Testo di fisica per il liceo scientifico)

[B] «Principio generale dell'equilibrio di un corpo rigido: affinché un corpo rigido inizialmente fermo permanga nel suo stato, occorre [...] che la risultante di tutte le forze ad esso applicate sia nulla (diversamente il corpo sarebbe sottoposto a un movimento di traslazione accelerata).»
(Testo di fisica per il liceo scientifico)

[C] «In pratica, vale la seguente regola generale: su un corpo possono agire più forze: [...] tali forze possono essere ridotte a 1) un'unica forza (il corpo trasla); 2) unica coppia (il corpo ruota); 3) una forza + una coppia (il corpo trasla e ruota).»
(Stesso testo della [B]*)*

[D] «A proposito del caso 1, si sente rivolgere spesso la seguente domanda: se la forza risultante è applicata sul bordo del corpo, allora, secondo la regola generale, esso dovrebbe traslare. Ma ciò non sembra vero, dal momento che, se tiriamo questo libro da un'estremità, esso subisce anche una rotazione. Perché? Il fatto è che, sul libro, quando lo tiriamo, agisce anche un'altra forza, diretta in senso contrario: l'attrito col tavolo! Tale forza, determinando una coppia con quella applicata, fa ruotare il libro.»
(Stesso testo della [B]*)*

Commento

Il primo Autore (citazione [A]) è più asciutto, lo dice in due parole. L'altro Autore (citazioni successive) lo dice con altro slancio, con altra abbondanza. Ma il concetto è lo stesso: l'effetto di una forza è, sempre e soltanto, un effetto di traslazione. Così, garantisce l'Autore n.2, se non fosse per l'attrito un libro «tirato da un'estremità» non si sognerebbe di entrare in rotazione: traslerebbe. Lo prescrivono, spiega, il «principio generale» al punto [B] e la «regola generale» al punto [C].

Sennonché, il principio e la regola in questione, ancorché «generali», esistono solo nell'immaginazione dell'Autore. Perché l'effetto di una forza applicata a un corpo rigido – in quiete e libero da vincoli – è un movimento di traslazione *solo in un caso:* quando la retta d'azione della forza passa dal centro di massa (CM). Altrimenti, al moto di traslazione si sovrappone un moto di rotazione attorno a un asse passante dal CM[1].

Del resto, se l'effetto di moto di una forza fosse davvero una traslazione nella direzione della forza, due forze di uguale valore e di opposta direzione, con diversa retta d'azione, che farebbero? Niente: si neutralizzerebbero a vicenda. Per cui, ecco la nuova regola: una coppia non produce effetti di moto. E il caso 2 della «regola generale» al punto [C]? E il libro che ruota per effetto della coppia determinata dall'attrito col tavolo?

«Be', – rispose il professore con una punta d'irritazione – non penserete di poter capire tutto subito: questi approfondimenti li farete all'università»[2].

22 – COPPIA O NON COPPIA?

Citazioni

[A] «Se poi si considera che, in assenza di vincolo, la forza $\vec{F}$ farebbe traslare il corpo C nella direzione *r*, è chiaro che la forza $\vec{R}_V$, per opporsi a tale traslazione, deve avere direzione parallela a *r*, verso contrario a quello di $\vec{F}$, modulo uguale a $\vec{F}$. Il sistema costituito dalle due forze $\vec{F}$ e $\vec{R}_V$ è detto 'coppia'.»

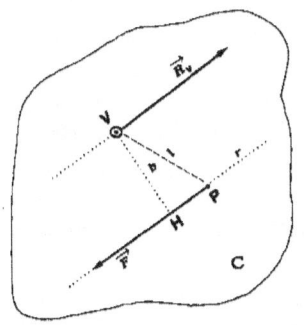

Fig.83 Reazione vincolare. Coppia.

(Testo di fisica per il liceo scientifico)

---

[1] Si veda il prossimo capitolo.
[2] In realtà non è affatto vero che la forza con cui tiriamo il libro e la forza d'attrito costituiscono una coppia. Si veda il prossimo capitolo.

38

[B] « Se invece il bari-
centro non si trovasse
sulla verticale per A (fig.
88) le due forze forme-
rebbero una coppia e il
corpo ruoterebbe fino a
disporsi nella posizione
di equilibrio.»
*(Testo di fisica per il li-
ceo scientifico)*

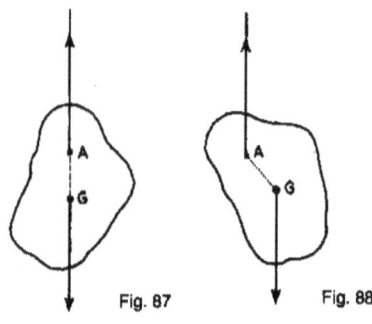

Fig. 87   Fig. 88

Commento

« È chiaro », ripetono ad ogni piè sospinto alcuni Autori, forse
per infondere fiducia in chi legge. Ma lo studente ne trae motivo
più di malumore che di conforto: perché da questo momento « è
chiaro » che, se per caso non capisce, la colpa è solo sua. Non
immagina, lo studente, che a volte ciò che gli viene propinato
come « chiaro » è nondimeno falso, falso su tutta la linea. Come
nel caso qui considerato.

Primo. In assenza di vincolo, la forza $\vec{F}$ non farebbe affatto
« traslare il corpo C in direzione r ». L'effetto di $\vec{F}$ sarebbe una
traslazione in direzione r, combinata con una rotazione attorno
a un asse che passa dal CM. Il che si può vedere bene se si fa
traslare $\vec{F}$ in modo che r passi dal CM, aggiungendo naturalmente la necessaria coppia di trasporto[1]. L'effetto di $\vec{F}$ è ora
effettivamente una traslazione in direzione r, ma a tale effetto
di sovrappone la rotazione prodotta dalla coppia di trasporto.

Secondo. La reazione vincolare $\vec{R}_V$ non ha in generale né modulo uguale, né direzione opposta rispetto ad $\vec{F}$. Se così fosse,
l'applicazione di $\vec{F}$ lascerebbe in quiete il baricentro G, che invece entra in rotazione attorno al punto vincolato V. Cosicché,
salvo il caso in cui V coincida con G, di « coppia » non è proprio
il caso di parlare.

Nello stesso genere di errore, anche se in forma meno clamorosa, incorrono svariati Autori quando trattano l'equilibrio di un
corpo rigido K girevole senza attrito attorno a un punto di so-

---

[1] Una qualsiasi coppia (ce ne sono infinite, tutte equivalenti) il cui momento coincida col momento di $\vec{F}$ rispetto al nuovo punto di applicazione.

spensione P, soggetto (il corpo K) solo al peso e alla reazione del vincolo. Giustamente viene affermato che l'equilibrio di K richiede che il baricentro si trovi sulla verticale per P, e che risulta stabile o instabile a seconda che P si trovi al di sopra oppure al di sotto del baricentro. Ma la spiegazione viene poi fornita, come nella citazione [B], in termini di una coppia che non esiste. Che non possa trattarsi di una coppia, è ormai pacifico: il baricentro G o non si muoverebbe, o si muoverebbe di moto rettilineo uniforme. Ma, più in particolare, sarà interessante notare che la reazione del vincolo consta normalmente *anche di un componente orizzontale:* come si riconosce subito considerando l'accelerazione tangenziale e l'accelerazione centripeta di G, e ricordando che la forza risultante, somma del peso e della reazione del vincolo, corrisponde al prodotto della massa totale per l'accelerazione di G[2].

Si consideri infine la figura a lato, tratta da un testo universitario americano. Come si vede, il problema è sostanzialmente lo stesso: in (*b*) e in (*d*) compare la solita coppia abusiva. Ma... se tra il blocco e il piano d'appoggio non ci fosse attrito? Se cioè la reazione del vincolo fosse costretta ad avere proprio

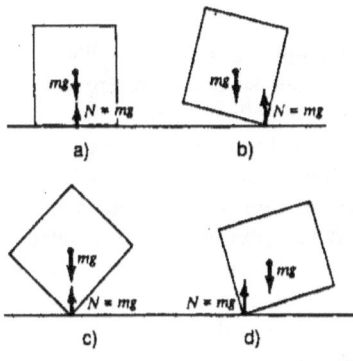

direzione verticale, come nella figura? In tal caso il blocco scivolerebbe sul piano d'appoggio in modo da consentire al centro di massa (al baricentro) di cadere verticalmente. Ma la figura risulterebbe ugualmente errata, dovendo in ogni caso la reazione del vincolo essere inferiore a *mg:* con quale diritto, altrimenti, il centro di massa accelererebbe verso il basso?

---

[2] Perciò, la reazione del vincolo è verticale *solo se l'accelerazione del CM è verticale.* Durante l'oscillazione ciò accade quando il CM transita sulla verticale condotta per il punto di sospensione (in tale istante la sua accelerazione tangenziale è zero, mentre l'accelerazione centripeta è verticale).

23 – SE È CENTRIPETA È GRATIS

Citazione

«Esiste una profonda analogia concettuale tra massa inerziale e momento d'inerzia, la quale appare d'altronde evidente anche dalle rispettive espressioni matematiche: massa inerziale = = forza/accelerazione tangenziale, momento d'inerzia = momento della forza/accelerazione angolare.»

(Testo di fisica per il liceo scientifico)

Commento

Fino ai due punti, tutto bene (anche se l'analogia non sembra poi così profonda). Ma la notizia secondo la quale la massa inerziale è il rapporto «tra la forza e l'accelerazione tangenziale» è impressionante. Due successive edizioni del testo la riportano senza che siano intervenuti ripensamenti: cosicché diventa difficile credere che si tratti solo di un occasionale infortunio. Ne sapremo di più alla prossima edizione.

Nell'attesa, non vorrei trovarmi nei panni dello studente che si imbatte nella notizia mentre sta preparando l'interrogazione di fisica del giorno dopo. Deduzioni clamorose immagino si accavallino nella sua mente. Del tipo: «l'accelerazione tangenziale è univocamente determinata una volta noto il valore della massa e della forza, indipendentemente dall'angolo tra forza e velocità. L'angolo, supponiamo, cambia da 0° a 90°? Non importa, l'accelerazione tangenziale continuerà, imperterrita, a mantenere il suo valore. Per cui, ecco la regola: una forza trasversale produce un'accelerazione tangenziale. E l'accelerazione centripeta, da dove arriva? Boh, vorrà dire che, se si tratta solo di cambiare la direzione del moto, non c'è inerzia, e non servono forze: la direzione cambia, e basta. Del resto, se c'è sul libro...».

Così, più o meno, ragiona il povero studente, e in cuor suo li manda tutti a quel paese, Galileo, Newton, Einstein, e poi Rubbia e Zichichi e quant'altri. Né lo sfiora il dubbio che il libro dovesse esprimere la massa inerziale (di un punto materiale) non come rapporto tra forza e accelerazione tangenziale, ma, più semplicemente, come rapporto tra forza e accelerazione. O tutt'al più, giusto per complicare le cose, come rapporto tra forza tangenziale e accelerazione tangenziale: ma allora anche come rapporto tra forza centripeta e accelerazione centripeta, e più in generale come rapporto tra componente x della forza (quale che sia la direzione x) e componente x dell'accelerazione.

Ma facciamo invece un'ipotesi: lo studente si accorge dell'errore. Che farà in tal caso? Forse farà notare al professore che il testo è sbagliato? Meglio lasciar perdere: dopo tutto, il testo lo ha adottato lui. [3]

24 – QUALCHE VOLTA NON VALE (prima parte)

Citazioni

[A] «Se su un corpo agisce una forza $\vec{F}$ e questo è in equilibrio, deve necessariamente agire sul corpo una forza $-\vec{F}$ uguale in modulo e direzione e contraria in verso. Rivediamo cioè in azione il terzo principio della dinamica»
(Testo di fisica per i licei scientifici)

[B] «Ogniqualvolta due corpi A e B isolati da azioni esterne interagiscono tra loro, allora se A esercita sopra B una forza $\vec{F}$ B reagisce esercitando sopra A una forza $-\vec{F}$, cioè una forza uguale in modulo e direzione ma di verso opposto. Nota: i due corpi devono costituire, affinché valga questo principio, un 'Sistema isolato' ossia non devono esistere forze, derivanti da oggetti estranei, e agenti su A o su B, a meno che non siano sistemi di forze a risultante nulla.»
(Testo di fisica per il liceo scientifico)

[C] «Se un corpo è appoggiato su un piano ed esercita sopra esso il suo peso P, è chiaro che, se il sistema è in quiete, il piano esercita sul corpo una reazione uguale e contraria.»
(Stesso testo)

[D] «Il principio di azione e reazione [...] si realizza quando due soli corpi interagiscono partendo da velocità iniziali nulle.»
(Stesso testo)

---

[3] Il testo doveva anche far osservare al lettore che la relazione «momento d'inerzia = momento della forza diviso accelerazione angolare» *non ha validità incondizionata*: vale se l'asse di rotazione è fisso oppure si sposta senza cambiare direzione, e se il momento d'inerzia e il momento della forza sono riferiti all'asse di rotazione oppure a un asse passante dal CM e parallelo all'asse di rotazione.

Commento

C'è forse, in fisica, una legge più famosa del principio di azione e reazione? Lo escludo. Anche il più asino degli studenti sa recitare a memoria che «ad ogni azione corrisponde una reazione uguale e contraria». Magari non si rende conto di che cosa esattamente sta dicendo, e lo dice a sproposito. Se chiedete a uno studente, non necessariamente alle prime armi, quale forza esercita sul pavimento una cassa di peso 15 kg, vi risponderà senza esitazione: 15 kg. E, se proprio non si vuole essere pignoli tirando in ballo il moto di rotazione della Terra, non si può che dargli ragione. Se però gli chiedete di dimostrarlo, una volta riavutosi dalla sorpresa dichiarerà immancabilmente: «per il principio di azione e reazione». Risposta che, sotto il profilo della pura logica, non vale molto di più di quest'altra: 15 kg, perché piove ed è ormai mezzogiorno. Perché, è vero, la forza della cassa sul pavimento è 15 kg, ma il principio d'azione e reazione proprio non c'entra. Il principio di azione e reazione richiede semplicemente che, dato che la cassa pesa 15 kg, cioè è attirata dal pianeta Terra con una forza di 15 kg, abbia valore 15 kg la forza (verso l'alto) che la cassa esercita sul pianeta Terra: *non la forza (verso il basso) che la cassa esercita sul pavimento!*

La ragione per cui la forza della cassa sul pavimento vale tanto quanto il peso della cassa è che la cassa, essendo per ipotesi immobile, non possiede accelerazione, il che richiede che la forza risultante sulla cassa sia zero: 15 kg verso il basso (la forza peso), 15 kg verso l'alto (la forza che proviene dal pavimento). E qui arriva il principio di azione e reazione: se la forza del pavimento sulla cassa è 15 kg, allora anche la forza della cassa sul pavimento è 15 kg. Controprova: se il pavimento in questione è quello di un ascensore, la forza della cassa sul pavimento è uguale al peso *solo quando l'ascensore è fermo, oppure viaggia* – non importa se verso l'alto o verso il basso – *con velocità costante* (si veda al cap. 52).

Ma questi sono errori da studenti, gli errori degli Autori sono ovviamente di tutt'altro livello. Quello che ho citato in [A], per esempio, ha una visione: se è vero che nel momento meno propizio, mentre cioè sta osservando non l'interazione tra due corpi, ma le forze applicate ad uno stesso corpo, «rivede in azione» il terzo principio della dinamica. E al lettore per poco non gli prende un colpo.

L'Autore, invece, citato in [B], [C] e [D] ha preso una decisione clamorosa: spezzare il cerchio dell'omertà, denunciare apertamente tutti i limiti del principio di azione e reazione. Praticamente è un pentito. Al punto [B] ci avverte dunque che il principio di azione e reazione non vale se il sistema dei due corpi interagenti non è isolato (a meno che, dice, le forze agenti non abbiano risultante zero: una coppia, ad esempio, va benissimo). Al punto [C] rincara la dose: prima di tutto stabilisce che, quiete o non quiete, un corpo esercita sempre sul piano d'appoggio una forza pari al suo peso; poi, non pago, spiega che la reazione è uguale e contraria solo se il sistema è in quiete, e dice che «è chiaro». E al punto [D]? Al punto [D] chiarisce ulteriormente e definitivamente che, se appena i corpi che interagiscono sono più di due, il principio di azione e reazione ce lo possiamo scordare. Ma poi, in extremis, quando ormai ci sembrava di poter concludere che il principio di azione e reazione non vale mai, uno spiraglio, insperatamente, si apre: no, non è strettamente necessario che il sistema sia in quiete: basta che i due corpi abbiano inizialmente velocità zero. Giusto in tempo! Cominciavamo a credere che Newton ci avesse preso in giro[4].

---

[4] La fede nella validità della legge di azione e reazione vacilla talvolta anche in sedi ben più qualificate. Su un autorevole, diffusissimo testo universitario di Fisica Generale si possono leggere queste parole: «Se vogliamo mantenere la molla deformata [...] dobbiamo applicare alla molla una forza eguale ed opposta alla forza esercitata dalla molla». Quasi che, nelle condizioni statiche che il libro ipotizza *come in qualsiasi altra circostanza*, fosse possibile, alla nostra mano, tirare una molla con una forza diversa da quella con cui la mano è tirata dalla molla.

Un altro esempio: in un testo universitario di termodinamica si afferma che, nel caso di un sistema in equilibrio meccanico, «le forze esercitate dal sistema sull'esterno sono equilibrate da forze uguali ed opposte esercitate dall'esterno sul sistema». Dal che non si può non desumere che, essendo le forze di A su B e quelle di B su A sempre uguali ed opposte (azione e reazione), per il sistema in questione (ma forse anche per l'esterno) le condizioni per l'equilibrio sono sempre verificate. Uno scivolone occasionale? Non si direbbe, perché poche pagine più avanti il concetto è ribadito: «Se la trasformazione non è reversibile, non è detto a priori che la forza esercitata dal pistone sul fluido uguagli quella esercitata dal fluido sul pistone».

44

25 – LA FORZA DI UN FILO

Citazione

A causa della sua flessibilità, un filo può solo 'tirare': cioè la forza che un filo, fissato in A ad un corpo K, esercita su K, è sempre diretta tangenzialmente al filo in A, da K verso il filo. *(Autori vari)*

Commento

È un filo un po' idealizzato, si capisce: un filo perfettamente flessibile, che riproduce il comportamento di un filo reale solo entro limiti.

Ma la precisazione non basta. Occorre sottolineare (e non è facile trovare un Autore che se ne ricordi) un altro piccolo particolare: il filo di cui si parla è un filo *in equilibrio.* Perché da un filo che non ha il problema dell'equilibrio dobbiamo aspettarci di tutto: che sia cioè in grado di esercitare ai suoi estremi forze aventi, rispetto al filo, una direzione qualsiasi. Chi nega questo, nega il principio di azione e reazione (e si prende una bella responsabilità).

Che cosa infatti, se non c'è l'esigenza dell'equilibrio, può impedirci di applicare agli estremi di un filo una forza avente una direzione qualsiasi? È forse proibito applicare a un filo una forza trasversale, o una forza tangenziale di compressione? E se una forza di tal fatta gli viene applicata, il filo deve, *deve assolutamente,* per il principio di azione e reazione, esercitare una forza diretta in senso opposto. Dunque, è proprio vero: in generale, la forza proveniente da un filo può avere *qualsiasi* direzione. Con questo, però: che, se sappiamo che un filo è sollecitato a trazione, possiamo anche immaginare che sia in equilibrio; ma se invece sappiamo che è sollecitato a compressione oppure a flessione, è chiaro che di equilibrio non se ne parla: la configurazione del filo sta certamente cambiando. Insomma, ciò che dobbiamo escludere non è la capacità di un filo di esercitare, ai suoi due estremi, forze comunque dirette: ma solo la possibilità che questo accada in condizioni di equilibrio.

E la forza di una molla? Stesso discorso: tutti dicono che – nel limite almeno delle piccole deformazioni – è proporzionale alla deformazione: ma ben pochi, tra gli Autori, si preoccupano di avvertire che ciò vale solo *in condizioni statiche,* cioè per deformazioni che si mantengono costanti nel tempo. Così, lo studente che crede nel principio di azione e reazione è costretto a una conclusione drastica: dato che, per deformazione zero, la forza di una molla è zero, nessuna forza può essere applicata a una molla indeformata. Di qui, la domanda angosciosa: *come si fa per deformare una molla?*

Nella stessa omissione cadono innumerevoli Autori quando enunciano la legge di Archimede in questi termini: «un corpo immerso in un fluido riceve dal fluido una spinta verso l'alto pari al peso del fluido spostato». Anche qui, viene trascurata l'essenziale precisazione: *in condizioni di equilibrio.* Se il sistema corpo + fluido non è in equilibrio, non c'è alcun motivo di pensare che la spinta del fluido debba valere quanto il peso del fluido spostato[1]. Ad esempio, ci sono ottime ragioni per credere che la spinta verso l'alto dell'aria su un aeroplano in volo sia normalmente un po' più grande del peso dell'aria spostata... Che poi la forza proveniente da un fluido debba necessariamente avere direzione verticale, è smentito da una serie infinita di esperienze. Lo sanno bene i tennisti – o i calciatori – che amano i colpi 'tagliati': e non parliamo dei lanciatori di boomerang (ce ne sono talmente pochi). Ma lo sa bene anche chi, più semplicemente, si è accorto che qualche volta tira vento... E non sarà un libro di testo a fargli cambiare idea.

---

[1] Tra l'altro, compaiono sulla superficie del corpo immerso forze tangenziali di attrito che si oppongono al suo movimento rispetto al fluido.

26 – NEL CASO DI UN PENDOLO

Citazioni

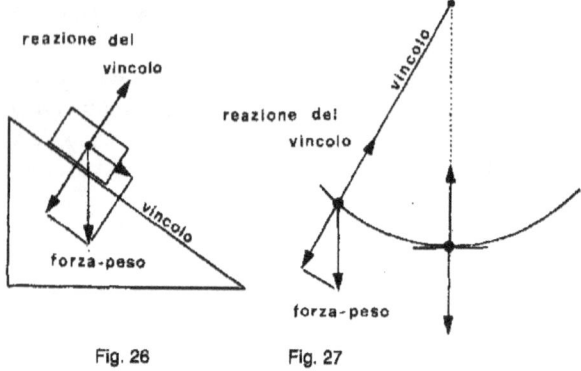

Fig. 26   Fig. 27

[A] «Un concetto vettoriale di cui faremo frequente uso in seguito è quello di reazione vincolare, che definiremo come quella forza (o insieme di forze) determinate dalla reazione di un vincolo in opposizione alla forza-peso (o ad una sua componente).»
[B] «Può accadere però che la reazione vincolare non riesca ad equilibrare completamente la forza-peso: ad esempio, se il vincolo è rappresentato da un piano inclinato, la reazione del vincolo può equilibrare soltanto la componente della forza-peso perpendicolare alla direzione del piano (fig. 26); nel caso di un pendolo, infine, la reazione vincolare è rappresentata dall'azione del filo, che fa equilibrio alla componente della forza-peso solo quando la massa oscillante si trova nella posizione più bassa (fig. 27).»
(Testo di fisica per i licei scientifici)

Commento

È raro che in così poche righe siano condensati tanti insegnamenti. E il rischio qual è? Che lo studente frettoloso non li raccolga tutti. Al punto [A] si impara prima di tutto che i concetti si dividono in vettoriali e non vettoriali; poi che la reazione vincolare (contrariamente a quanto il lettore immagina) è la forza «determinata dalla reazione di un vincolo»; infine che la reazione vincolare nasce «in opposizione alla forza-peso». Dal che deriva tutta una serie di indicazioni preziose: per esempio che un vincolo, o neutralizza, almeno in parte, la forza-peso, oppure è come se non ci fosse.

L'argomento è ripreso al punto [B], ma solo come punto di partenza verso traguardi più impegnativi. Il primo dei quali consiste nel negare l'esistenza dell'attrito: come la fig. 26 dimostra, nulla, assolutamente nulla un piano inclinato potrebbe opporre al componente tangenziale del peso. Ma il traguardo decisivo, il traguardo verso il quale tutto il discorso converge, è il secondo, che consiste nel superamento dell'idea di forza centripeta. E si può scommettere che, nonostante una possibile lieve incertezza di interpretazione (dovuta al fatto che l'Autore parla di «componente della forza-peso» là dove avrebbe invece dovuto dire semplicemente «la forza-peso»), lo studente capirà. Capirà che, se in una generica posizione della massa oscillante la reazione del vincolo neutralizza solo il componente trasversale del peso, nella posizione più bassa il peso è invece neutralizzato al cento per cento: così, nonostante la velocità sia massima e quindi massima l'accelerazione centripeta, la forza trasversale, in questa posizione come in qualsiasi altra, è rigorosamente zero. La figura lo mostra chiaramente: anzi, per meglio rendere l'idea, nella posizione centrale la reazione del vincolo è addirittura rappresentata mediante una freccia leggermente più corta di quella che rappresenta il peso. Chi, a questo punto, che non sia schiavo del pregiudizio, vorrà ancora dubitare? L'idea nuova che un altro Autore (cap. 23) aveva lasciato presagire, trova qui piena, solare, definitiva conferma: *l'accelerazione centripeta è gratis*. È un esempio di «concetto vettoriale».

Nota. Si guardi, il lettore, dal credere che svarioni di tal fatta possano essere reperiti solo sulle pagine di testi scolastici scadenti: anche in ambiti assolutamente rispettabili ci si dimentica a volte che se c'è curvatura e c'è velocità la somma delle forze trasversali (perpendicolari cioè alla velocità) è necessariamente *diversa* da zero. Esempio: nelle soluzioni della prova sperimentale di una prestigiosa gara studentesca nazionale di fisica, edizione 1993, a proposito di un blocchetto che scivola lungo un

48

profilo curvilineo (figura) si afferma che la forza d'attrito sul blocchetto è, lungo l'intero percorso, il prodotto del coefficiente d'attrito dinamico per $mg\cos\alpha$ (dove α è la pendenza del profilo, l'angolo cioè tra la tangente al

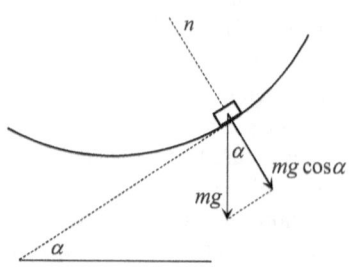

profilo e il piano orizzontale). I bravissimi studenti che hanno partecipato alla gara si saranno immediatamente accorti del clamoroso errore: il coefficiente d'attrito deve essere moltiplicato non per $mg\cos\alpha$, componente del peso sulla normale n alla traiettoria, ma per $(mg\cos\alpha + mv^2/r)$, che è la forza con cui le due superfici a contatto premono l'una sull'altra. Se, in direzione n, la forza della superficie d'appoggio sul blocchetto (diretta chiaramente in senso centripeto) avesse valore $mg\cos\alpha$, la forza trasversale complessiva sul blocchetto sarebbe zero. Il che, esattamente come per un pendolo, si può verificare solo ed esclusivamente negli istanti in cui è zero la velocità.

27 – CHI HA VOGLIA FACCIA I CONTI

Citazioni

[A] «Ci limitiamo a considerare piccoli valori dell'angolo, e precisamente α minore di 4 o 5 gradi.»
(Testo di fisica per il liceo scientifico)

[B] «[...] occorre imporre la seguente limitazione, che l'angolo 2α (ampiezza di oscillazione) sia molto piccolo, per es. di 4°».
(Testo di fisica per il liceo scientifico)

[C] «Se l'ampiezza delle oscillazioni è inferiore a 2°, esse durano tutte uno stesso intervallo di tempo.»
(Testo di fisica per il liceo scientifico)

Commento

L'argomento della conversazione è la celebre formula per il periodo di oscillazione del pendolo semplice[2]:

[1] $T = 2\pi\sqrt{L/g}$.

Più precisamente, si tratta di delimitarne il campo di validità. E qui i tre Autori non mostrano la stessa larghezza di vedute. Il primo è il più liberale; il secondo, più esigente, dimostra però ancora una certa disponibilità; il terzo è di gran lunga il più intrattabile.

Per il primo, la formula vale quando l'ampiezza α (distanza angolare massima del punto oscillante dalla posizione centrale) è «minore di 4 o 5 gradi». Il secondo chiede che 2α sia «molto piccolo, per es. di 4°»: il che significa che, per α, un valore accettabile è per esempio 2°. Rispetto ai 4 o 5 gradi di prima, il peggioramento è evidente: ma, dopotutto, vuole solo essere un esempio. Il terzo Autore invece non fa esempi: la sua precisione è inesorabile: i 2° sono, per l'ampiezza, un limite netto, che assolutamente non deve essere valicato e neppure raggiunto. Se l'ampiezza è inferiore, le oscillazioni «durano tutte uno stesso intervallo di tempo» (sottinteso: al variare dell'ampiezza, ed era il caso di dirlo). Ma se l'ampiezza raggiunge e supera i 2°, non ci sono santi: la durata dell'oscillazione dipende dall'ampiezza. E si noti che, come l'Autore [B], per «ampiezza» l'Autore [C] intende non l'angolo α, ma l'angolo 2α. Per cui, nella sua catastrofica visione del mondo, il campo di validità della formula, già per lo meno dimezzato rispetto all'Autore [B], risulta da 8 a 10 volte più ristretto rispetto all'Autore [A]. Chi dei tre avrà ragione?

Nessuno dei tre. Non è questione né di un grado, né di quattro, né di cinque: la formula vale «per piccole oscillazioni». Il che significa: la formula è comunque sbagliata, ma l'errore che si commette è tanto minore quanto minore è l'ampiezza angolare dell'oscillazione, e tende a zero quando l'ampiezza tende a zero. La formula esatta è un po' più complicata: anzi, per dirla tutta, ha un aspetto spaventoso. Detta α l'ampiezza, risulta infatti

---

[1] Pendolo ideale costituito da una massa puntiforme che oscilla nel vuoto sospesa a un punto fisso mediante un filo inestensibile di massa zero.

[2] $T = 2\pi \sqrt{L/g} \{1 + [1^2/2^2] \operatorname{sen}^2(\alpha/2) +$
        $+ [(1 \times 3)^2/(2 \times 4)^2] \operatorname{sen}^4(\alpha/2) +$
        $+ [(1 \times 3 \times 5)^2/(2 \times 4 \times 6)^2] \operatorname{sen}^6(\alpha/2) + \dots \} .$[3]

Chi ha voglia, faccia i conti. E vedrà che la situazione è un po'
meno tragica di quanto i tre Autori citati non diano a intendere.
Occorre un'ampiezza di ben 23° perché l'errore che si commette con la formula semplificata rappresenti l'1% del valore
esatto del periodo[4]. Con un'ampiezza di 15° l'errore scende a
meno dello 0,5%. Con un'ampiezza di 7° l'errore si riduce a un
modestissimo 0,1%. Se l'ampiezza fosse 1°, l'errore sarebbe inferiore a 0,002% (una parte su cinquantamila)... Fissare limiti
precisi al campo di validità della formula semplificata è possibile solo se viene preliminarmente stabilito quale errore percen-
tuale si ritiene di poter accettare. Altrimenti, non ha senso.

---

2 Si noti che, contrariamente a
quanto indicato dalla formula
semplificata (la [1]), il periodo
di oscillazione è in realtà tanto
più grande quanto maggiore è
l'ampiezza. Il grafico qui a lato
mostra come cresce, al crescere
dell'ampiezza α_0 , il rapporto
T/T^* tra il periodo effettivo T
e il periodo T^* fornito dalla
formula semplificata.

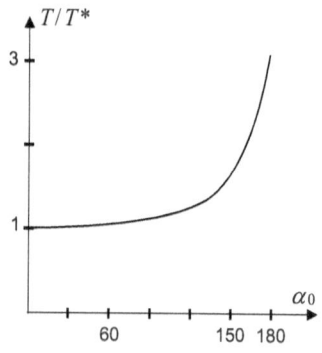

3 In tal caso, nell'intervallo di
tempo in cui, secondo la formula semplificata, dovrebbero verificarsi 100 oscillazioni, se ne
verificano 99.

28 – SE LA PARTICELLA PERDE
IL CONTATTO

Citazione

«La particella m di fig. 8-14 si muove su una guida circolare verticale di raggio R senza attrito. Quando m è nella posizione più bassa, la sua velocità è v_0. (*a*) Qual è il minimo valore v_m di v_0 per cui la particella riesce a compiere un giro completo senza perdere contatto con la guida? (*b*) Supponiamo che $v_0 = 0,775\ v_m$. La particella

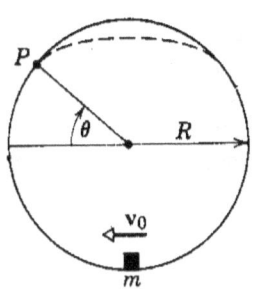

Fig. 8-14.

percorre la guida fino a una posizione P nella quale perde contatto con la guida per seguire la traiettoria tratteggiata. Determinare la posizione angolare θ del punto P.»
(Testo universitario americano)

Commento

È il famoso, istruttivo problemino noto agli studenti come «problema del giro della morte». Le risposte che il testo suggerisce sono $v_m = \sqrt{5gR}$ per la prima domanda, sen$\theta = 1/3$ per la seconda. Perfetto[1].

---

[1] La prima risposta si ottiene imponendo che nel punto più alto della circonferenza la reazione del vincolo sia zero (imponendo quindi che la forza centripeta mv^2/R coincida col peso mg), ed esprimendo poi in tale relazione, tramite il teorema dell'energia cinetica, la velocità v in funzione della velocità incognita v_m di partenza: $mv^2/2 = m(v_m)^2/2 - mg2R$ (si è trascurata l'energia cinetica rotazionale del blocchetto, che non a caso l'Autore ha definito «particella»). La seconda risposta si ottiene cercando il valore di θ per il quale, nel caso la velocità di partenza sia $0,775\ v_m$, la reazione del vincolo si annulla. La relazione da scrivere è $mv^2/R = mg\,\text{sen}\,\theta$ (forza centripeta uguale a componente trasversale del peso). Essendo, per il teorema dell'energia cinetica, $mv^2/2 = m(0,755\ v_m)^2/2 - mg(R + R\,\text{sen}\,\theta)$, si ricava in definitiva sen$\theta = 1/3$.

Ciò che non è perfetto, tutt'altro, è l'illustrazione che mostra la traiettoria che, nel secondo caso, la particella dovrebbe seguire dopo il distacco: una curva francamente orribile. E non solo per il fatto che, essendo il seno di θ pari al rapporto tra l'altezza di P sul diametro orizzontale e il raggio, e dovendo essere sen θ = 1/3, la posizione effettiva di distacco è notevolmente più bassa di quella indicata dalla figura: ma soprattutto per un'altra, ben più sostanziale ragione.

Tutti (o quasi) gli studenti di liceo sanno che, quando un corpo è lanciato *nel vuoto* (in modo che, una volta esaurita la fase di lancio, agisca solo il peso), la sua traiettoria è una parabola ad asse verticale. Per cui non c'è dubbio che, dopo il distacco dalla guida e fino al nuovo contatto, la particella procede lungo una parabola[2]: e non c'è parabola al mondo che possa vagamente rassomigliare alla curva a tratteggio della figura. La quale, tra l'altro, presenta un raggio di curvatura massimo (anziché minimo) in corrispondenza del vertice. È chiaro che una parabola tangente in P (ultimo punto di contatto) e nel suo dirimpettaio P' alla circonferenza si distacca dalla circonferenza *non verso l'interno, ma verso l'esterno,* cosicché il vertice si trova *non al di sotto, ma al di sopra* della sommità della circonferenza.

Vogliamo fare quattro conti? È un gioco da ragazzi. Si sa (e comunque si trova subito[3]) che, quando la velocità di lancio è V e l'angolo di lancio è α, la 'gittata' (distanza d tra punto di lancio e punto di ricaduta alla stessa altezza) è
$d = (V^2 \text{sen} 2\alpha)/g$.
Nel nostro caso, tenuto conto che in P la reazione del vincolo è zero, cosicché la forza centripeta (mv^2/R) coincide col componente radiale del peso ($mg \text{sen} \theta = mg \cos \alpha$), il quadrato della velocità di lancio è $gR \cos \alpha$. Perciò la gittata è
$d = R \cos \alpha \, \text{sen} 2\alpha$.
Essendo sen $2\alpha = 2 \text{sen} \alpha \cos \alpha$, possiamo anche scrivere

---

[2] A causa delle piccole dimensioni e della piccola velocità della particella, l'azione dell'aria si può qui ritenere trascurabile.
[3] Il tempo t^* necessario perché il corpo ritorni al livello di partenza si ottiene imponendo che la componente verticale della velocità ($v = = V \text{sen} \alpha - g t$) raggiunga il valore $-V \text{sen} \alpha$, opposto a quello iniziale. Il risultato è $t^* = (2 V \text{sen} \alpha)/g$. La gittata d si ottiene ponendo tale valore del tempo nella relazione $x = (V \cos \alpha) t$.

$d = 2R\,\text{sen}\alpha\cos^2\alpha.$

Siccome infine nel nostro caso $\cos\alpha = \text{sen}\,\theta = 1/3$, qual è la conclusione? che la gittata d, ben lungi dal coincidere con la lunghezza $(2R\,\text{sen}\alpha)$ della corda PP', è nove volte più piccola!

Prima osservazione. Il distacco si verifica quando, superato il livello del centro della circonferenza, la particella non ha velocità sufficiente a raggiungere la sommità della circonferenza. A seconda del valore della velocità v_0 della particella nel punto più basso, l'angolo θ che definisce la posizione P di distacco può assumere qualsiasi valore compreso tra 0 e $\pi/2$ (estremi esclusi), e corrispondentemente α può variare tra $\pi/2$ e 0 (estremi esclusi). Dal fatto che la gittata è

$d = 2R\,\text{sen}\alpha\cos^2\alpha$

segue subito che il punto H in cui la parabola descritta dalla particella interseca la corda PP' si può ottenere (figura) conducendo da P' la perpendicolare alla retta tangente in P alla circonferenza, e calando poi la verticale dall'intersezione T così ottenuta[4].

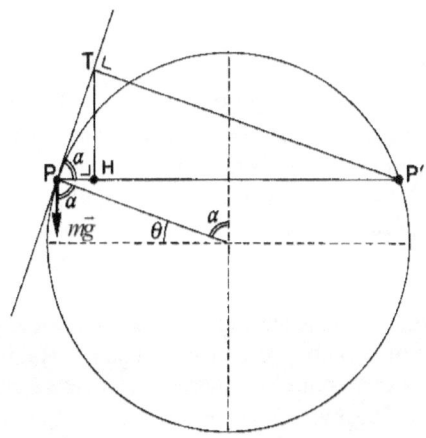

Seconda osservazione. L'Autore deve avere un fatto personale col problemino del giro della morte. Nell'edizione successiva a quella qui citata, il problema non viene proposto. Ma ricompa-

---

4 $2R\,\text{sen}\alpha = \text{PP}'$, $\text{PP}'\cos\alpha = \text{PT}$, $\text{PT}\cos\alpha = \text{PH}$.

re in un'edizione più recente, e questa volta, nel disegno, la traiettoria seguita dalla particella dopo il distacco è cambiata, senza peraltro che la situazione migliori di molto: anziché in P', la particella viene fatta ricadere esattamente all'estremità di destra del diametro orizzontale. Attendiamo con curiosità ulteriori sviluppi.

29 – IL BARICENTRO E LA GALLINA

Citazioni

[A] «Essendo il baricentro il punto nel quale è applicato il peso del corpo [...].»
(Testo di fisica per il liceo scientifico)

[B] «Prende il nome di *baricentro* il punto di applicazione del risultante delle forze peso di un corpo esteso.»
(Testo di fisica per i licei scientifici)

[C] «Il baricentro [...] rappresenta il punto G in cui può pensarsi applicato il peso del corpo.»
(Testo di fisica per il liceo scientifico)

Commento

Si potrebbe quasi dire che qui si fronteggiano due scuole di pensiero. Alla prima, la più fantasiosa, appartiene – per quel che ne so – il gruppo compatto degli Autori di manuali per la media inferiore. Alla seconda fanno capo quasi tutti gli Autori di manuali per il liceo.

Che il baricentro di un corpo K sia, come in [A] e [B] viene dichiarato (ecco la prima scuola di pensiero), il punto in cui il peso di K è applicato, è una tale sciocchezza che non metterebbe quasi conto di parlarne: se non fosse che a furia di sentirselo ripetere, qualcuno potrebbe anche cominciare a crederci.

Mi limito ad osservare che per molti corpi il baricentro è un punto esterno, un punto che *non appartiene* al corpo: nessuno dei punti di una bottiglia rappresenta il baricentro della bottiglia, nessuno dei punti della cupola di San Pietro rappresenta il baricentro della cupola di San Pietro. E come si può pensare che una forza agisca su un corpo senza essere applicata ad alcun punto del corpo?

La proposizione [C], in cui si esprime la seconda scuola di pensiero, è corretta, ma solo per aspetti ed entro limiti che, chissà perché, non vengono praticamente mai messi in evidenza. Così, l'idea di baricentro viene sopravvalutata e sottovalutata al tempo stesso.

Mi spiego. Schematizziamo un generico corpo K come un sistema di punti materiali. Ognuno di tali punti è dotato di massa, ognuno è soggetto alla forza gravitazionale: tanti punti, altrettante forze, tutte dirette verticalmente verso il basso. Il baricentro G di K non è altro che il 'centro' di tale sistema di forze[1]. Il che, molto semplicemente, ha questo significato: per qualunque posizione di K rispetto al terreno (ovvero, per qualunque direzione delle forze gravitazionali rispetto a K), la somma (vettoriale) dei momenti delle forze gravitazionali rispetto a G è zero[2].

La conseguenza è che, quando K è un corpo rigido *(ma solo in questo caso),* al sistema delle forze gravitazionali è possibile fare equilibrio con un'unica forza: diretta verticalmente verso l'alto, con valore uguale alla forza gravitazionale risultante e retta d'azione passante da G (in tal modo, la forza totale è zero, e il momento totale è zero). Il tutto, per *qualsiasi* posizione di K rispetto al terreno, esattamente come se K (ecco la seconda scuola di pensiero) fosse soggetto non a un sistema di innumerevoli, infinitesime forze gravitazionali (i pesi di ciascun 'punto'), ma a un'unica forza, di valore uguale al peso complessivo, diretta verticalmente verso il basso, applicata in G.

E... se K non è un corpo rigido? Se è una catenella, un mucchio di sabbia, una camicia, una gallina? Niente da fare: se vogliamo

---

[1] Il centro C di un sistema di forze parallele è un punto ideale la cui posizione è definibile, in un sistema cartesiano di riferimento, in questi termini: la coordinata x di C si ottiene facendo la somma delle coordinate x dei punti di applicazione delle forze, ognuna moltiplicata per il valore della forza corrispondente, e dividendo poi il tutto per la somma dei valori delle forze: $x_C = (x_1 F_1 + x_2 F_2 + ...) / (F_1 + F_2 + ...)$ (se le forze non sono tutte equiverse, si prenderanno con un segno i valori di quelle che hanno una, a piacere, delle due direzioni in gioco [o dei due 'versi', cfr. cap. 3], col segno opposto quelle dirette in senso opposto). Analogamente per quanto riguarda le coordinate y e z.

[2] In altre parole: supposto che K sia un corpo rigido, le forze gravitazionali applicate a K non hanno alcuna possibilità di far ruotare K attorno a un asse passante per G.

56

assicurare l'equilibrio del corpo *in una prefissata configurazione* arbitraria, le forze gravitazionali devono essere lasciate al loro posto, non c'è baricentro che tenga[3]. Mai sopravvalutare il baricentro!

Ma nemmeno sottovalutarlo, come, per un altro verso, si fa così spesso. Non viene infatti quasi mai messa in evidenza una notevolissima possibilità, che si estende a tutti indistintamente i sistemi materiali (galline incluse): la possibilità di calcolare il lavoro delle forze gravitazionali assumendo per l'appunto che il peso sia applicato nel baricentro[4]. Il che rappresenta a volte una meravigliosa semplificazione.

Resterebbe ancora una possibilità: quella di estendere al baricentro (un po' abusivamente) le prerogative straordinarie del centro di massa, in considerazione del fatto che i due punti sono di solito praticamente indistinguibili. Ma, a parte l'abuso e i relativi aspetti legali e morali, questa è un'altra faccenda.

---

[3] Nel caso di un corpo non rigido ma solido, esistono particolari configurazioni nelle quali (come invece per un corpo rigido è *sempre* possibile) il peso è neutralizzato da un'unica forza la cui retta d'azione passa per il baricentro: si pensi ad esempio a una giacca appesa ad un gancio.

[4] Supponiamo ad esempio che il sistema sia costituito da due punti materiali A e B, di peso P_A e P_B, e che i due punti subiscano uno spostamento verticale Δy_A e Δy_B. Lo spostamento del baricentro sarà
$\Delta y_G = (\Delta y_A P_A + \Delta y_B P_B)/(P_A + P_B)$.
A numeratore della frazione figura il lavoro L delle forze gravitazionali, che si può perciò calcolare anche con la relazione
$L = \Delta y_G (P_A + P_B)$,
esattamente come se una forza pari al peso complessivo fosse applicata in G.

30 – TUTTO NON VA COME SE

Citazione

«Legge di Newton sulla gravitazione universale: due corpi si attraggono reciprocamente con una forza direttamente proporzionale al prodotto delle loro masse gravitazionali, inversamente proporzionale al quadrato della distanza tra i baricentri, diretta secondo la congiungente i baricentri.»
(Testo di fisica per i licei)

Commento

In sostanza, l'Autore garantisce che la forza gravitazionale si può calcolare fingendo che le due masse interagenti siano concentrate nei rispettivi baricentri: ed è chiaro che la notizia, se confermata, ci permetterebbe di effettuare i calcoli, anche nei casi più complicati, con straordinaria semplicità. Ma sarà vero? Proviamo. Supponiamo che il punto materiale A, di massa m (figura) subisca l'attrazione gravitazionale proveniente da due punti, B e C, aventi entrambi massa m'.

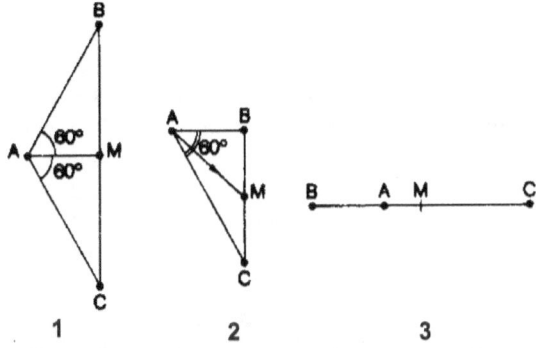

Nel caso 1 della figura, A si trova sull'asse del segmento BC, e vede BC sotto un angolo di 120°. Domanda: quale forza agisce su A per effetto del sistema B+C? Se l'Autore ha ragione, possiamo fingere che la massa $2m'$ del sistema B+C sia posta nel relativo baricentro, cioè nel punto medio M del segmento BC. Perciò, se d è la distanza tra M e A, risulterà

$$F = Gm(2m')/d^2.$$

Ma seguiamo ora la strada regolamentare. Calcoliamo prima, separatamente, la forza proveniente da B e quella proveniente da C: dopo di che, faremo la somma dei due vettori. La forza che proviene da B è $F_B = Gmm'/(2d)^2$. La forza F_C proveniente da C ha lo stesso valore, ma è spostata angolarmente di 120°. Cosicché, la forza risultante ha lo stesso valore delle due forze componenti: $F_{(B+C)} = Gmm'/(2d)^2$. Il valore che prima abbiamo calcolato era otto volte più grande! Il trucco non ha funzionato.[1]

Modifichiamo ora leggermente la precedente situazione: questa volta (caso 2 nella figura) il segmento AB è perpendicolare al segmento BC, e A vede BC sotto un angolo di 60° (il che significa che la distanza di A da B è la metà della distanza di A da C). Secondo l'Autore, la forza di B+C su A è diretta verso M. Supponiamo che sia vero, e scomponiamo tale forza in altre due forze, una diretta come AB, l'altra diretta come AC: così, per via grafica, determiniamo la forza proveniente da B e quella proveniente da C. E cosa troviamo? Che la prima è più piccola della seconda! Impossibile, naturalmente: la prima deve, per la legge di Newton, essere quattro volte più grande. Conclusione: la forza di B+C su A non è affatto diretta verso il baricentro di B+C.

Ma il bello arriva adesso. Il punto A (caso 3 nella figura) si trova sul segmento BC, più vicino a B che a C. Secondo l'Autore, la forza gravitazionale di B+C su A è diretta verso M. Se però teniamo presente che la forza esercitata da B, diretta verso B, è più grande della forza esercitata da C, diretta verso C, troviamo subito che la forza risultante è in realtà diretta non verso M, ma *dalla parte apposta*!

E finalmente: secondo l'Autore, se un oggetto K si trovasse all'interno di una cavità delimitata da un guscio sferico omogeneo di spessore costante, la forza su K si potrebbe calcolare fingendo che la massa del guscio sia tutta nel centro della sfera. Viceversa, il calcolo dimostra che la forza su K sarebbe rigorosamente zero. Se poi K venisse calato nelle viscere della Terra

---

[1] Del resto, se fosse lecito porre la massa nel baricentro la forza su A sarebbe del tutto indipendente dalla lunghezza del segmento BC: il che è palesemente assurdo (maggiore è la lunghezza BC, minore è la forza su A).

il suo peso non varierebbe affatto in proporzione inversa al quadrato della distanza dal centro di massa della Terra: e naturalmente *non* tenderebbe a infinito quando la distanza tende a zero.
Se la Terra fosse una sfera omogenea, il peso risulterebbe direttamente proporzionale alla distanza dal centro: e in ogni caso,
come è del tutto ovvio per ragioni di simmetria, tenderebbe a
zero insieme alla distanza.

Tuttavia, in un particolarissimo caso l'Autore ha ragione:
quando la massa dei corpi è distribuita nello spazio con simmetria sferica[2]: allora, *per i corpi che si trovano all'esterno della
sfera*, tutto va effettivamente come se la massa della sfera fosse
nel centro. Perciò, se calcoliamo il peso di un astronauta assumendo come distanza, nella legge di Newton, la distanza dal
centro della Terra, questa volta otteniamo il risultato giusto. E
meno male.

31 – IL BARICENTRO È MOBILE

Citazione

Il baricentro del corpo umano si trova all'altezza dell'ombelico,
anteriormente alla spina dorsale.
(Autori vari)

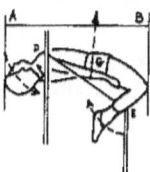 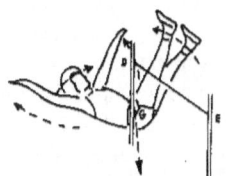 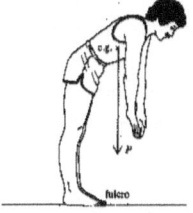

(a) Equilibrio instabile

Commento

In un libro nel quale si insegna la fisica sarebbe meglio segnalare chiaramente al lettore che, in realtà, il baricentro del corpo
umano può assumere, rispetto al corpo, *un numero infinito di
diverse posizioni:* infinito essendo il numero delle diverse con-

---

2 In modo cioè che la massa per unità di volume, o 'densità', risulti
uguale in tutti i punti che si trovano alla stessa distanza dal centro
della sfera.

figurazioni che il corpo può assumere. Altrimenti, il lettore potrebbe poi essere tentato di prendere per buone illustrazioni come quelle qui sopra riportate: dove al baricentro del corpo umano viene assegnata una posizione fissa – e, guarda caso, completamente sbagliata[1].

La posizione descritta nella citazione corrisponde solo a una particolare configurazione del corpo, una configurazione oltre a tutto non particolarmente spontanea né frequente: la posizione di 'attenti'. Se, a partire da tale posizione, le braccia vengono alzate lateralmente all'altezza delle spalle, il baricentro si alza a sua volta leggermente. Se le braccia vengono distese verticalmente verso l'alto, il baricentro si alza ancora. Se distendiamo le braccia in avanti, anche il baricentro si sposta in avanti. Se poi, seduti in poltrona, leggiamo il giornale, la posizione del baricentro è ancora più avanzata, forse addirittura fuori dal nostro corpo. Durante una gara di ginnastica, di tuffi, di pattinaggio artistico, il baricentro del corpo dell'atleta assume, rispetto al corpo, le posizioni più diverse, spesso risultando nettamente al di fuori del corpo.

E anche in una gara di salto in alto. I primi due disegni si riferiscono a una tecnica di salto – la tecnica Fosbury – che ha notoriamente consentito vistosissimi progressi: il segreto consiste in gran parte nel fatto che, nel momento in cui l'atleta sta valicando l'asticella, il baricentro si trova, contrariamente a quanto mostra il primo disegno, a un'altezza *inferiore* a quella del bacino. Se il corpo passa appena al di sopra dell'asticella, il baricentro passa in realtà (come nel salto con l'asta) al di sotto. Con le vecchie tecniche, a parità di altezza raggiunta dal baricentro il risultato sarebbe stato nettamente inferiore.

---

[1] Le prime due illustrazioni figurano nel già citato articolo di studio della meccanica del salto in alto (cap. 4), la terza in un testo preuniversitario americano. Si noti l'incredibile posizione che al baricentro viene assegnata in quest'ultima: e si noti che nella didascalia si descrive la situazione in termini di «equilibrio instabile» quando invece, cadendo la verticale condotta per il centro di gravità al di fuori dell'area di appoggio, di equilibrio non era proprio il caso di parlare.

32 – L'ACCELERAZIONE DEL SISTEMA

Citazione

«Precisiamo che in casi come questo, in cui il moto riguarda un sistema e non un punto materiale, per accelerazione del sistema si intende l'accelerazione del baricentro.»

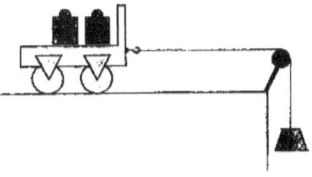

(Testo di fisica per il liceo scientifico)

Commento

L'Autore propone questo 'problema svolto' come applicazione della seconda legge della dinamica: l'incognita da determinare è la forza (chiamiamola $\vec{F}_1$) con cui il carrello viene tirato dal filo verso destra. Chiaramente, occorre determinare l'accelerazione a del blocco sospeso e del carrello: dopodiché, basterà moltiplicare per a la massa del carrello e, se si ritiene che nessun'altra forza orizzontale esterna agisca sul carrello, la forza $\vec{F}_1$ sarà determinata.

Faccio notare che l'aver scelto un carrello, e cioè un supporto dotato di ruote, è un po' ingannevole: lo studente potrebbe essere indotto a credere che, mentre il carrello si sposta verso destra prendendo via via velocità, le ruote debbano necessariamente girare, e girare con velocità angolare crescente. Ma non è così: probabilmente le ruote non girano proprio, traslano assieme al carrello scivolando sul terreno. Chi lo dice? L'Autore stesso, quando suggerisce di risolvere il problema «trascurando gli attriti». Non dice, si noti, di trascurare gli attriti *in rapporto alla forza $\vec{F}_1$* esercitata sul carrello dal filo, dice semplicemente di trascurarli: il che potrebbe voler dire che il problema prospetta una situazione ideale in cui l'attrito non esiste. Ed è chiaro che, se non c'è attrito tra ruote e terreno (un sistema di forze che agiscono sulle ruote verso sinistra contrastandone lo scivolamento verso destra) non c'è ragione al mondo per cui, quando il carrello comincia a spostarsi, le ruote debbano entrare in rotazione.[1]

Ma torniamo all'accelerazione del sistema: giustamente, visto che gli attriti possono essere trascurati (e la massa del filo altrettanto), detta m_1 la massa del carrello (carico incluso) e detta m_2 la massa sospesa, l'Autore scrive $a = m_2 g/(m_1+m_2)$. Tutto sembrerebbe regolare, se non fosse per la dichiarazione sopra riportata: «per accelerazione del sistema si intende l'accelerazione del baricentro». Colpo di scena! L'accelerazione che abbiamo appena calcolato, quella del carrello e del blocco sospeso, sarebbe, a detta dell'Autore, l'accelerazione del baricentro. Il quale in realtà, neanche a dirlo, si guarda bene dall'accelerare come il carrello o come il blocco. Come tutti sanno, l'accelerazione del centro di massa (che qui si identifica col baricentro) è la media 'pesata' (o 'ponderata') delle accelerazioni delle varie parti del sistema. Perciò, dato che il carrello accelera *verso destra* con accelerazione a e il blocco *verso il basso* con accelerazione a, il baricentro accelera verso destra con accelerazione $am_1/(m_1+m_2)$, e verso il basso con accelerazione $am_2/(m_1+m_2)$. E a questo punto Pitagora ci assicura che l'accelerazione del baricentro è $\dfrac{a}{m_1+m_2} \sqrt{m_1^2 + m_2^2}$, inferiore, come si vede, ad a[2].

Ma le disgrazie non vengono mai sole, e infatti l'Autore conclude l'argomento con queste parole: «Si noti che la forza F_1 agente sul carrello è minore del peso $m_2 g$ che lo tira». Come dire: il peso $m_2 g$ del blocco sospeso – la forza con cui la Terra

---

1 Nella stessa situazione ambigua il lettore si ritrova leggendo quanto, a esemplificazione del principio di conservazione della quantità di moto, è scritto in una prestigiosissima enciclopedia scientifica: «Se un uomo è in piedi su un carro perfettamente lubrificato e si sposta in avanti, il carro si sposta all'indietro in modo che la quantità di moto resti zero». Chiaramente, la quantità di moto resta zero solo se la 'perfetta lubrificazione' riguarda anche il contatto tra ruote e terreno: nel qual caso le ruote non girano. Il vizio è peraltro diffuso: in un famoso testo universitario americano si dice che certe casse «sono montate su rotelle che si muovono liberamente, non esiste quindi attrito tra le casse e il suolo». Tra le casse e il suolo no di certo, visto che tra casse e suolo non c'è contatto! Se poi non c'è alcun attrito tra suolo e rotelle, le rotelle non girano, e tanto valeva porre le casse sopra una slitta.

2 L'accelerazione del baricentro sarebbe uguale ad a se nella [1] ci fosse sotto radice l'espressione $m_1^2 + m_2^2 + 2m_1m_2$.

lo attrae – *tira il carrello*, né più né meno della forza F_1, la quale però è minore... E se, una volta di più, lo studente va in confusione, la cosa forse si spiega.

33 – FALSO ALLARME PER IL CAMION

Citazione

«... il camion della fig. 4.33 che sta affrontando una curva sopraelevata, è in equilibrio stabile se il suo baricentro si trova in C, ma l'equilibrio diventa instabile se il camion è caricato in modo da sollevare il baricentro nella posizione C', perché in tal caso la verticale per C' cade al di fuori della base di appoggio.» *(Testo di fisica per i licei scientifici)*

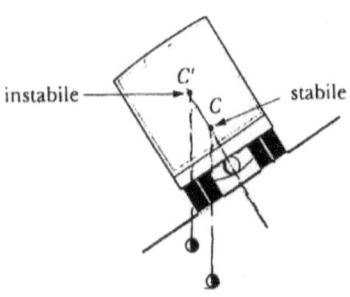

Figura 4.33
Equilibrio di un camion in curva

Commento

Quello che la frase virgolettata dichiara, la didascalia della figura conferma: cosicché nessun dubbio è lecito, il camion sta proprio curvando. Peccato, da un certo punto di vista, perché se stesse invece tirando diritto il ragionamento dell'Autore potrebbe quasi andar bene (pur naturalmente di fare assegnamento su una congrua quantità di attrito, atta a scongiurare l'eventualità di uno scivolamento laterale verso il basso; e pur di togliersi dalla testa l'idea che alla posizione C' del baricentro debba corrispondere una situazione di «equilibrio instabile», laddove il ribaltamento verso sinistra è garantito).

Il camion sta dunque curvando, e noi tiriamo un sospiro di sollievo: purché infatti la velocità del camion non sia troppo piccola o troppo grande, nessun pericolo di ribaltamento *anche se il baricentro è in C'*. Se la velocità è sufficientemente grande è scongiurato il ribaltamento verso sinistra (l'interno della curva), se non è troppo grande è scongiurato il ribaltamento verso de-

64

stra. È largamente intuitivo, ma… come si dimostra? Dimentichiamo il camion, che è ingombrante e complicato: consideriamo un semplice blocco a forma di parallelepipedo (non omogeneo, in modo che il baricentro possa risultare più o meno distanziato dalla superficie d'appoggio). L'equilibrio del blocco in moto si studia facilmente se ricorriamo allo stratagemma di osservare la scena dal sistema di riferimento del blocco stesso, così da vedere il blocco perfettamente immobile. Attenzione, non siamo più in un riferimento inerziale, dato che il moto del blocco rispetto alla superficie terrestre non è traslatorio[3]. Se quindi, per spiegare ciò che vediamo o per cercare di prevedere ciò che accadrà, vogliamo usare le leggi della fisica nella forma a noi nota (la fisica dei riferimenti inerziali), siamo costretti a tener conto, oltre che delle forze effettive, anche delle forze 'apparenti', o 'di inerzia': forze, come si sa, del tutto immaginarie, anche se nei riferimenti non inerziali producono effetti reali. Nel nostro specifico caso, dobbiamo introdurre una forza apparente 'di trascinamento', e precisamente una forza centrifuga $\vec{F}$ applicata al baricentro, diretta orizzontalmente verso l'esterno della curva (fig.1), di valore mv^2/R, dove m è la massa del blocco[4]. Il tutto si può anche esprimere dicen-

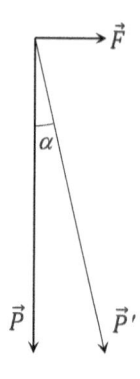

Fig.1

---

[1] Promemoria: rispetto a un riferimento inerziale ogni altro riferimento inerziale è immobile oppure si muove di moto traslatorio, rettilineo, uniforme. In questo genere di problemi la Terra può essere assunta, con un errore praticamente nullo, come riferimento inerziale. In esperienze invece di lunga durata, come quelle della rotazione del piano di oscillazione del pendolo, la natura non inerziale del riferimento Terra non può essere ignorata neanche in via di prima approssimazione.

[2] Abbiamo supposto di poter ragionevolmente attribuire a tutti i punti del blocco una traiettoria di uguale raggio di curvatura R e quindi una stessa velocità: in tal modo nel nostro riferimento agisce su ogni particella del blocco una forza centrifuga proporzionale (come il peso) alla massa, e possiamo quindi trattare anche la forza centrifuga come una forza applicata al baricentro anche se, come il peso, è in realtà distribuita sull'intera massa del blocco. L'altra forza apparente, la forza 'di Coriolis', deve essere introdotta nei riferimenti che dal punto di vista

do che dobbiamo sostituire al peso $\vec{P}$ del blocco un peso apparente $\vec{P}'$ costituito dalla somma del peso e della forza centrifuga: $\vec{P}' = \vec{P} + \vec{F}$. Tutto andrà in effetti, nel riferimento del blocco, come se il valore del peso fosse aumentato da P a $\sqrt{P^2 + F^2}$, e come se la retta d'azione del peso fosse ruotata verso l'esterno della curva di un angolo α definito da tg$\alpha = F/P = v^2/gR$). Sul blocco agiranno insomma due forze, il peso apparente e la reazione vincolare (la forza proveniente dal piano d'appoggio): chiaramente, per l'equilibrio del blocco le due forze dovranno avere uguale valore e agire lungo la stessa retta d'azione in direzione opposta.

L'Autore citato non lo fa, ma noi, prima ancora del possibile ribaltamento del blocco, abbiamo il dovere di considerare il suo possibile slittamento laterale verso destra o verso sinistra per mancanza di un'adeguata quantità di attrito radente tra le superfici a contatto. Se l'attrito fosse zero, anche $\vec{P}'$, come la reazione vincolare, dovrebbe avere componente zero parallelamente al piano d'appoggio, a cui dovrebbe quindi risultare perpendicolare (fig. 2/A), formando con la verticale un angolo uguale all'angolo φ tra piano stradale e piano orizzontale. Ciò determina un unico possibile valore per la forza centrifuga (e per la velocità) in assenza di attrito:

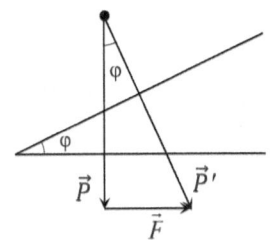

Fig. 2/A - Forza centrifuga in assenza di attrito radente

$F = P\,\mathrm{tg}\varphi$ (cioè $mv^2/R = mg\,\mathrm{tg}\varphi$, da cui $v = \sqrt{gR\,\mathrm{tg}\varphi}$).

Se invece c'è attrito, la forza centrifuga e la velocità possono assumere valori sia più piccoli che più grandi, perché questa volta la retta d'azione di $\vec{P}'$ può anche risultare inclinata rispetto alla normale n al piano d'appoggio. Entro limiti, però: secondo le leggi dell'attrito radente, l'angolo tra la normale n e la retta d'azione della reazione vincolare non può essere maggiore del-

---

degli osservatori inerziali sono in rotazione (e quindi anche nel riferimento del nostro blocco), ma solo per studiare il comportamento di oggetti che in tali riferimenti risultano in movimento (nel riferimento del blocco il blocco è immobile, perciò niente forza di Coriolis).

66

l'angolo γ definito da $\mathrm{tg}\gamma = \mu_0$ (coefficiente d'attrito statico tra le due superfici a contatto)[5]; perciò anche l'altra forza applicata al blocco, il peso apparente $\vec{P}\,'$, dovrà avere rispetto alla normale un'inclinazione non superiore a γ. Le fig. 2/B e 2/C mostrano per l'appunto le due possibili situazioni estreme (è evidenziata la forza d'attrito $\vec{A}$ richiesta nei due casi).

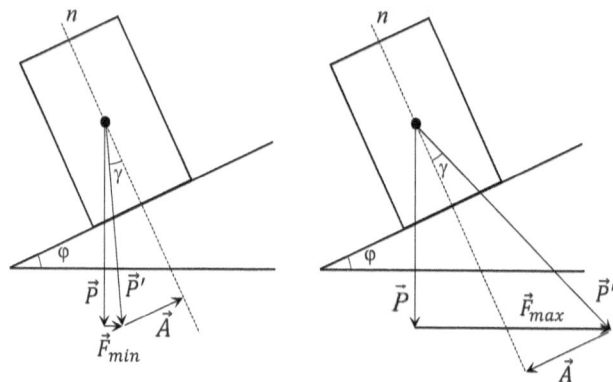

Fig. 2/B - Forza centrifuga minima in presenza di attrito radente

Fig. 2/C - Forza centrifuga massima in presenza di attrito radente

---

[3] Il massimo possibile valore della forza d'attrito radente statico è $A_{0/max} = \mu_0 N$, dove N è il valore della forza normale di contatto (la forza con cui le due superfici premono l'una sull'altra). Dato che l'angolo γ tra la reazione vincolare $\vec{R}$ e il suo componente $\vec{N}$ sulla normale ha come tangente trigonometrica il rapporto A_0/N, sarà

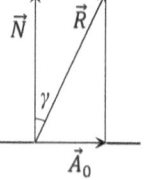

$\mathrm{tg}\,\gamma_{max} = A_{0/max}/N = \mu_0$.

E l'equilibrio al ribaltamento? È qui che interviene la posizione del baricentro, fino a questo punto ininfluente: occorre infatti che il baricentro sia abbastanza vicino alla base del blocco da permettere alla retta d'azione del peso apparente $\vec{P}'$ di intersecare il piano d'appoggio in un punto che non sia esterno all'area di contatto[6]. Nel caso della fig. 3, per esempio, la verticale per il baricentro cade all'esterno dell'area di contatto (esattamente come nella figura 4.33 proposta nella citazione), ma non c'è al-

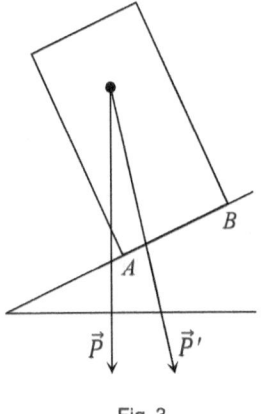

Fig. 3

cun pericolo di ribaltamento finché la retta d'azione di $\vec{P}'$ cade nel tratto AB: il che chiaramente dipende sia dall'inclinazione del peso apparente (e cioè dalla velocità del blocco), sia dalla posizione del baricentro. Se il baricentro è così basso da trovarsi sulla verticale per A o per un punto a destra di A (condizione che l'Autore considera sempre indispensabile) il ribaltamento verso sinistra è escluso anche alle velocità più basse, perché la retta d'azione del peso apparente attraverserà l'area di contatto sempre a destra di A: sarà però sempre possibile, in relazione a velocità elevate, il ribaltamento verso destra. Sempre che, s'intende, il blocco (il camion) non sia già uscito di strada scivolando verso destra (verso l'esterno della curva) per mancanza di sufficiente attrito.

---

[4] La reazione del piano d'appoggio è necessariamente espressa da una forza applicata all'interno (o tutt'al più al limite) dell'area di contatto.

34 – QUANDO LA BARCA VA

Citazione

«Un uomo di massa *m* è fermo a prua di una barca di massa *M* in quiete sull'acqua. Se esso si incammina verso poppa con velocità costante v:

1. La velocità dell'uomo rispetto alla terraferma è
- $Mv / (M+m)$.

2. Quando l'uomo si ferma, si ferma anche la barca.

3. Il centro di massa del sistema si muove di moto rettilineo uniforme.

4. Il moto dell'uomo deve sempre rispettare la conservazione della quantità di moto totale del sistema.

5. La barca acquista rispetto alla terraferma velocità

$V = -mv / M$. »

(Testo di fisica per il liceo scientifico)

Commento

Relativamente a ognuna di queste cinque affermazioni il malcapitato studente è chiamato a dichiarare se è o se non è d'accordo: *vero* o *falso*. Perché «malcapitato»? Per una serie di motivi, il primo dei quali è che la soluzione che il testo fornisce alla pagina successiva comincia con questa strabiliante premessa: «Essendo il sistema uomo-barca isolato meccanicamente...». Neanche a dirlo, lo studente va subito in crisi: *isolato meccanicamente*? Dunque, quando la barca si sposta, l'acqua non oppone la benché minima resistenza? Possibile? Evidentemente sì, visto che, coerente con la premessa, l'Autore garantisce che, mentre l'uomo si sposta verso poppa, la quantità di moto del sistema uomo-barca resta uguale a zero, e scrive di conseguenza l'equazione

[A] $\quad 0 = mv + (M+m)V$,

dove il carattere in grassetto indica che si considera un vettore. Da qui poi deduce che l'affermazione 1 è sbagliata, ma solo nel segno: e dal suo punto di vista ha ragione, anche se per lo studente tutto sarebbe stato più chiaro se la quantità di moto del sistema fosse stata espressa nella forma (equivalente, ma tanto più immediata nel significato) $mv_T + MV$, dove v_T ($= v + V$) è la velocità dell'uomo rispetto alla terraferma.[1]

Ma ecco, per lo studente, un nuovo trauma: all'affermazione 2 lui risponde *vero*, perché ormai sa per certo che, una volta stabilito che il sistema uomo-barca è isolato, la quantità di moto del sistema, qualunque cosa l'uomo possa fare sulla barca, sarà sempre zero. Nossignore, la risposta del libro è un'altra: *falso, la barca proseguirà per inerzia*. E con essa naturalmente l'uomo, ormai felicemente giunto a poppa! C'è chiaramente un ripensamento dell'Autore: niente conservazione della quantità di moto.

Ma dura poco, perché al punto 3, dove ci si interroga sulla sorte del centro di massa, la risposta ufficiale è *falso, esso resta in quiete come era inizialmente*. Il che in effetti, una volta accettata l'idea stravagante dell'isolamento del sistema, andrebbe anche bene, se non fosse che diventa difficile immaginare in che modo, una volta che l'uomo si è sistemato a poppa, il centro di massa possa restare immobile mentre, come al punto precedente viene certificato, l'uomo e la barca se la filano.

L'affermazione 4 non fa che riproporre (senza che se ne veda la ragione, ormai quel che è fatto è fatto) l'idea che l'Autore ritiene debba presiedere a tutto il ragionamento. Peraltro, la frase è contorta: sembra di capire che l'uomo deve stare bene attento a quello che fa, altrimenti la conservazione della quantità di moto potrebbe saltare da un momento all'altro.

Ed eccoci al gran finale: tra lo stupore generale, e in palese contraddizione con l'equazione [A], la risposta che il testo assegna al punto 5 è *vero*. Ma allora, pensa sgomento lo studente, la [A] è sbagliata! E se è sbagliata la [A] la quantità di moto non si conserva! Poi gli viene un dubbio: e se fosse invece giusta la [A] e sbagliata la risposta 5? «Be', – pensa a questo punto lo studente chiudendo il libro, ignaro del fatto che sono sbagliate sia la [A] che la [B] – per oggi può bastare. Tanto, è inutile, la prof ha ragione: io la fisica non la capirò mai.»

---

[1] Scrivendo $v_\mathrm{T} - v$ al posto di V nella relazione $mv_\mathrm{T} + MV = 0$, si ottiene $v_\mathrm{T} = Mv / (M+m)$, che, a parte il segno, è quanto stabilisce la proposizione 1.

35 – UNA CONDIZIONE PER IL LAVORO

Citazione

«Si dice che una forza (forza motrice) compie un lavoro quando vince un'altra forza (forza resistente) spostandone il punto di applicazione.»

(Testo di fisica per il liceo scientifico)

Commento

Definire il lavoro di una forza costante può sembrare banale: un discorso obbligato, che non lascia spazio alla creatività dell'Autore. È un po' quello che, relativamente all'insegnamento della fisica, mi viene tante volte obiettato: perché tanto discettare su impostazione, linea culturale, quadro concettuale, taglio didattico e simili sottigliezze? La fisica non è come la filosofia, o come la storia, o come il tema d'italiano dove, comprensibilmente, i criteri dei docenti possono essere anche molto diversi: la fisica è oggettiva... la fisica è la stessa per tutti. O, come dice qualcuno: *la fisica è la fisica.*

Nulla di più falso, naturalmente. In un modo o nell'altro, l'Autore di un testo di fisica esprime una personalità inconfondibile, unica: la 'sua' fisica è diversa. Perfino un concetto aridamente elementare come quello di lavoro di una forza costante può venire personalizzato: la definizione qui riportata, novità assoluta nel panorama scientifico mondiale, lo attesta.

E siccome da cosa nasce cosa, ecco che dalla nuova definizione di lavoro scaturisce una nuova regola: condizione necessaria perché una forza compia lavoro è che di forze ce ne siano almeno due. Esempio pratico: un sasso cade nel vuoto. Mancando l'aria, l'unica forza applicata al sasso è il peso. Quindi, durante la caduta del sasso la forza gravitazionale non lavora: *non lo può fare!* Dal che tra l'altro discende che, contrariamente alle aspettative ma in pieno accordo col teorema dell'energia cinetica, la velocità del sasso in caduta libera si mantiene costante... Nessuno si stupisca: abituati come siamo agli effetti atmosferici, ciò che accade in assenza d'aria ci troverà sempre impreparati!

36 – A CHE SERVE TIRARE UN VAGONE?

Citazione

«Se un uomo tira con una fune un vagone ferroviario in moto ma lo tira perpendicolarmente alla direzione del suo moto, è chiaro che egli fatica però, dal punto di vista dell'efficacia sul moto, la sua fatica è inutile. La fisica, infatti, valuta l'efficienza positiva o negativa di una forza e non concepisce la possibilità di un 'apprezzamento' per una 'fatica' che sia priva di efficacia. La fisica, insomma, mostra la sua derivazione efficientista dal modo di valutazione industriale [...]. Chi tira il vagone perpendicolarmente al suo moto potrebbe benissimo, con questa sua fatica, salvare anche una vita umana, il suo atto sarà altamente meritorio da un punto di vista etico, però il suo 'lavoro', quello che si misura in joules, continua a essere nullo. In ogni caso il lavoro e la fatica umane interessano relativamente e solo per accidente la fisica: le forze di cui si apprezza il lavoro sono infatti le forze naturali di gravitazione, di attrito, elettromagnetiche ecc.»
(testo di fisica per il liceo scientifico)

Commento

Accade raramente: ma, di quando in quando, l'Autore di un testo di fisica decide improvvisamente di dimostrare di avere, nonostante tutto, un'anima. Da questo momento, tutto diventa possibile: non meno dell'esempio sopra riportato, lo dimostra l'esempio seguente.

Un certo Autore sta illustrando le leggi del moto planetario. E scrive: «Dalla seconda legge di Keplero segue che, nell'ipotesi di una traiettoria circolare, il moto dei pianeti risulta uniforme; i corpi celesti nel loro moto intorno al Sole sono quindi soggetti solo ad una accelerazione centripeta...», ecc. ecc. Tutto sembrerebbe regolare. Ma, attenzione: immediatamente dopo l'aggettivo «celesti» l'Autore pone un asterisco che rimanda ad una nota esplicativa. Questa: «Delicato colore convenzionale, forse introdotto da qualche poeta, per indicare quegli oggetti, stelle, pianeti, comete ecc. che si muovono attraverso i cieli». No comment.

Ma torniamo al vagone. Capito? Mai tirare un vagone in moto! Quanto meno, mai tirarlo perpendicolarmente alla direzione del moto: sarebbe una fatica inutile. Sì, è vero, tirando in tal modo il vagone potreste magari salvare una vita. Ma la fisica mostrerebbe qui tutta la sua «derivazione efficientista dal modo di valutazione industriale»: vita o non vita, il lavoro da voi compiuto sarebbe inesorabilmente considerato uguale a zero, col pretesto che non c'è spostamento nella direzione della forza. Perciò, lasciate perdere il vagone. O tutt'al più, se proprio all'idea di tirare un vagone in moto non potete rinunciare, tiratelo, ma sempre e solo parallelamente ai binari. Vedrete che, benché la fisica apprezzi solo il lavoro delle forze naturali, il vostro lavoro verrà questa volta regolarmente riconosciuto, con tanto di «joules». Un solo consiglio: attenti al treno.

37 – POSIZIONALI MA NON CONSERVATIVE

Citazioni

[A] «Per forza conservativa si intende una forza che dipende dalla posizione del corpo.»
(Testo preuniversitario americano)

[B] «Le forze per le quali il lavoro compiuto non dipende dal percorso seguito ma solo dalle posizioni iniziale e finale vengono dette forze posizionali: per esse esiste sempre un'energia potenziale.»
(Testo di fisica per il liceo scientifico)

Commento

Veramente, le forze che (citazione [A]) dipendono solo dalla posizione non si chiamano conservative, ma posizionali[2]. E quelle (citazione [B]) per le quali il lavoro non dipende dal percorso (seguito dal punto su cui le forze agiscono) non si chiamano posizionali, ma conservative. Perché 'conservative'? Perché, potendosi per esse definire in modo univoco un'energia potenziale, il loro lavoro 'conserva' il valore dell'energia del corpo K su cui agiscono: quello che K perde (o guadagna) come energia cinetica, lo guadagna (o lo perde) come energia potenziale. Anche le forze conservative sono posizionali: ma ne rap-

---

[1] Ad esempio, le forze di un campo magnetico su una carica elettrica non sono posizionali, perché dipendono dalla velocità della carica oltre che dalla sua posizione.

presentano, per così dire, una sottospecie, o un sottoinsieme, perché *ci sono forze posizionali che non sono conservative.*

Facciamo un semplice esempio. Sulla particella P, mobile nel piano cartesiano xy, agisce una forza $\vec{F}$ le cui componenti, espresse in newton, sono: $F_x = y^2$, $F_y = 5x$, $F_z = 0$, dove i numeri x e y misurano le distanze in metri. Si considerino i punti

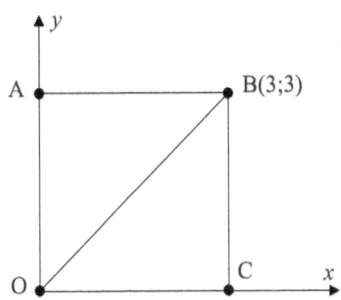

$A(0;3)$, $B(3;3)$, e $C(3;0)$, e si calcoli il lavoro compiuto da $\vec{F}$ quando P (figura) si sposta dall'origine O fino a B

1. lungo il percorso OAB,
2. lungo il percorso OCB,
3. lungo il percorso OB.

Risposta. Se P si sposta in linea retta da O ad A oppure da O a C, il lavoro è zero perché la forza (diretta orizzontalmente su tutto l'asse y e verticalmente su tutto l'asse x) è in ogni punto perpendicolare alla traiettoria. Se P si sposta in linea retta da A a B il lavoro è

$$L_{(AB)} = 3^2 \text{ N} \times 3 \text{ m} = 27 \text{ J},$$

e questo è dunque anche il lavoro lungo il percorso 1. Se P si sposta in linea retta da C a B il lavoro è

$$L_{(CB)} = (5 \times 3 \text{ N}) \times 3 \text{ m} = 45 \text{ J},$$

e questo è dunque il lavoro lungo tutto il percorso 2. Lungo il percorso 3 (direttamente da O a B) il lavoro si può calcolare come somma di due lavori: il lavoro del componente orizzontale di $\vec{F}$ più il lavoro del componente verticale. Perciò,

$$L_{(OB)} = \int_0^{y_B} F_y \, dy + \int_0^{x_B} F_x \, dx \, .$$

74

Introducendo i dati e tenendo conto che lungo il percorso 3 (che ha equazione $y = x$) è $dx = dy$, otteniamo

$$L_{(OB)} = \int_0^3 5x\, dx + \int_0^3 y^2\, dy = 5\left[x^2/2\right]_0^3 + \left[y^3/3\right]_0^3 =$$

$$= (22,5 + 9)\ J = 31,5\ J.$$

Il lavoro di $\vec{F}$ è dunque diverso, a parità di spostamento, per ciascuno dei tre percorsi seguiti: 27 J, 45 J, 31,5 J. E a questo punto una cosa è certa: benché posizionale, in quanto dipendente solo dalla posizione del punto su cui agisce, $\vec{F}$ non è conservativa[3].

38 – COME NON CALCOLARE IL LAVORO

Citazione

«Data una carica puntiforme q in un campo elettrico $\vec{E}$, formato dalla carica Q, calcoliamo il lavoro necessario per spostare q da un punto A ad un punto B del campo.

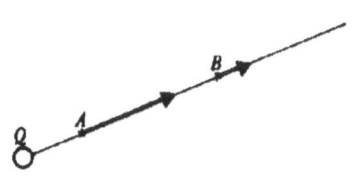

Poiché il lavoro L è definito da $L = \vec{F} \times \vec{r}$, essendo nel nostro caso particolare la forza $\vec{F}$ parallela allo spostamento $\vec{r}$, si ha

(1) $L = (qQ/4\pi\varepsilon_0 r^2)\, r = qQ/4\pi\varepsilon_0 r$.

Se la carica q viene spostata da A a B, il lavoro vale allora:

(2) $L_B - L_A = L_{AB} = (qQ/4\pi\varepsilon_0)\,(1/r_B - 1/r_A)$.»

(Testo di fisica per le secondarie superiori)

---

[3] La natura non conservativa di tale forza si poteva immediatamente dedurre dal fatto che non è per essa verificata la condizione di Schwarz, e cioè l'uguaglianza delle derivate parziali 'in croce' delle componenti cartesiane (la derivata di F_x rispetto a y è diversa dalla derivata di F_y rispetto a x).

Commento

Al solito, si parla di lavoro «necessario per spostare»: è un vizio collettivo, una mania universale. E, al solito, non va bene. Come minimo, era indispensabile aggiungere «senza variazioni di energia cinetica»: altrimenti il lavoro «per spostare» q da A a B è del tutto indeterminato (e non si capisce perché il lavoro *da noi* compiuto debba calcolarsi assegnando alla forza *da noi* applicata il valore della forza elettrostatica tra le due cariche). Ad esempio, se le due cariche hanno uguale segno si respingono, e la carica q da A a B ci va da sola, senza che ci dobbiamo preoccupare di compiere lavoro. Tuttavia, se vogliamo operare in modo che q, immobile inizialmente in A, sia alla fine immobile in B, allora dobbiamo compiere un lavoro resistente – per l'appunto quello indicato dalla relazione (2) – uguale e contrario a quello compiuto dalla forza che Q esercita su q. Sempre che, si capisce (e anche questo andava precisato), le uniche forze che lavorano siano la forza elettrostatica e quella che noi stessi applichiamo a q[1].

Quante inutili complicazioni! Sarebbe stato tanto meno ambiguo, tanto più logico e tanto più utile ai successivi sviluppi del discorso dell'Autore (introduzione del concetto di potenziale elettrostatico) preoccuparsi di calcolare non il lavoro compiuto da noi «per spostare» q, ma, molto semplicemente, il lavoro che la forza elettrostatica agente su q compie in relazione allo spostamento di q da A a B: avremmo ottenuto un'espressione come la 2, con gli indici A e B scambiati tra loro.

Ma tutto questo è secondario se paragonato alla destrezza, all'autentico gioco di prestigio con cui, in quattro e quattr'otto, l'Autore effettua il suo calcolo. Calcolare il lavoro di una forza il cui valore, lungo la traiettoria, continua a cambiare, non è troppo facile: occorre risolvere un integrale. Ma l'Autore non vuol complicare la vita al suo giovane lettore: e, senza dargli tempo di rendersi conto di quanto sotto i suoi occhi viene perpetrato, primo, esprime il lavoro come prodotto tra forza e spostamento nella direzione della forza, esattamente come se la forza fosse costante; secondo, indica con lo stesso simbolo (r),

---

[1] Si veda al riguardo anche il cap. 43.

sia la distanza (variabile durante lo spostamento di q) tra le due cariche, sia la distanza (costante) tra le due posizioni estreme A e B. In tal modo la forza tra le due cariche è $qQ/4\pi\varepsilon_0 r^2$, e lo spostamento di q è r. Dopodiché basta una piccola semplificazione, e il gioco è fatto. Facile, no? Newton e Leibniz potrebbero restarci male.

39 – IL MISTERO E LA CRISI

Citazioni

[A] «Come è evidente l'essenza dell'energia non è nota [...]»
(Testo di chimica per il liceo scientifico)

[B] «Cosa sia effettivamente l'energia non è noto: per tale motivo di essa si può avere solo un concetto.»
(Stesso testo)

[C] «L'energia è una cosa indefinibile e sfuggente»
(Testo di fisica per il liceo scientifico)

[D] «Che cosa è dunque l'energia? Dobbiamo accontentarci di dire che è 'qualche cosa' che in un sistema isolato si conserva»
(Testo di fisica per il liceo scientifico)

Commento

Alcuni Autori si adoperano affinché l'idea di energia sia circondata, nella testa del lettore, da un alone di mistero. Il concetto che pensano di dover instillare è che, al di là delle definizioni e delle formule, il significato del termine 'energia' non può e forse non potrà mai essere pienamente compreso. Spesso, per l'occasione, il tono del loro discorso cambia bruscamente: da disinvolto e vagamente euforico, a circospetto e pensoso. È chiaro che, davanti alla parola *energia*, avvertono tutta l'inadeguatezza del proprio dire. E, per la verità, questo fa loro onore.

   Non posso tuttavia nascondere che, a mio modo di vedere, fin tanto almeno che con la parola energia ci si riferisce (come fanno gli Autori citati) all'energia in senso classico, e cioè alla somma dell'energia cinetica e all'energia potenziale, il discorso sull'energia non è l'occasione migliore, tra quante la fisica ne offre, per farsi prendere dal senso del mistero. Come minimo, chiederei: perché questo trattamento di favore? Perché l'energia, e non per esempio la carica elettrica? Non ne vedo la ragione. L'energia si conserva, è vero. Ma, se è solo per questo, si conserva anche la carica elettrica (e anche la quantità di moto, il momento della quantità di moto e una sfilza di altre grandezze): talché, per accontentarsi, come in [D] viene raccomandato, di definire l'energia come «qualcosa che in un sistema isolato si conserva» ci vuole veramente un gran buon carattere. Mi viene quasi il dubbio che, in qualche modo, ci sia di mezzo la crisi energetica...

In ogni caso, a me pare che ci siano, in fisica, cose anche più misteriose. Che so, l'interazione tra due particelle. O il fatto che la radiazione elettromagnetica possa materializzarsi, e la materia sparire dando luogo a radiazione. Oppure, che gli elettroni siano tutti così perfettamente identici, identici fino al punto che nemmeno Dio, come ha detto qualcuno, ne potrebbe distinguere uno dall'altro. Oppure, ancora, che non ci sia modo di immobilizzare una molecola[1]. Per non parlare di cose terribili come l'autointerferenza di un elettrone lanciato contro una doppia fenditura.

Sì, me ne rendo conto: pensare all'energia come a qualcosa di fondamentalmente oscuro può dare soddisfazione. E poi, coi tempi che corrono, tutto quello che può sensibilizzare la gente nei riguardi dell'energia ben venga. Ma resto del mio parere: se c'è, in fisica, un concetto che brilla per semplicità e chiarezza, è proprio il concetto di energia. La crisi energetica è tutta un'altra storia[2].

---

[1] Una particella confinata è obbligata a oscillare sempre, all'infinito: neanche lo zero assoluto – contrariamente a quanto diversi Autori scrivono – la potrebbe fermare.

[2] Alcuni mesi dopo aver scritto questo capitolo ho trovato riportate in un testo queste parole di Richard Feynman: «È importante rendersi conto che oggi in fisica non abbiamo alcuna conoscenza di che cosa l'energia sia. Tuttavia, esistono formule per calcolare certe quantità numeriche, e quando le sommiamo tutte assieme otteniamo sempre lo stesso numero. [L'energia] è una cosa astratta, che non dice nulla sul meccanismo o sulle ragioni delle varie formule». Che dire? Anche i premi Nobel ci si mettono, adesso! È noto peraltro che, se c'era da stupire e provocare, il grande Richard non se lo faceva dire due volte...

40 – IL COMUNE SENSO DELL'ENERGIA

Citazioni

[A] «La Scienza definisce l'energia come attitudine a compiere un lavoro.»
(Testo di chimica per le medie superiori)

[B] «In generale si intende per energia l'attitudine di un corpo (un uomo, una macchina, ecc.) a compiere lavoro, perciò la misura dell'energia di un corpo costituisce anche una misura del lavoro che tale corpo è in grado di compiere.»
(Testo di fisica per il liceo scientifico)

[C] «L'energia di un corpo è la misura del lavoro che il corpo può compiere in virtù del particolare stato in cui si trova.»
(Testo universitario per ingegneria e fisica)

[D] «Abbiamo interpretato l'energia cinetica di un corpo come la sua capacità a compiere lavoro per effetto del movimento.»
(Testo universitario americano)

[E] «Un corpo possiede energia quando è in grado di compiere lavoro [...]. Un corpo in movimento è in grado di compiere lavoro per effetto della velocità posseduta. Quando la velocità si annulla, il corpo perde la capacità di compiere lavoro.»
(Testo di fisica per il liceo scientifico)

Commento

Quello di definire l'energia di un corpo come la sua «capacità di compiere lavoro», o la sua «attitudine all'esecuzione di lavoro», è un malvezzo estremamente diffuso: così diffuso da potersi quasi considerare una costante universale, una delle grandi costanti della fisica.

È sicuramente una definizione piacevole, anche perché trova riscontro nel significato (peraltro un po' vago) che ai vocaboli energia e lavoro si dà nel linguaggio di ogni giorno: secondo il quale, chi ha molta energia può compiere molto lavoro. Sennonché, in fisica i termini energia e lavoro hanno un significato tutto particolare, che va preso per quello che è. Secondo il linguaggio corrente il lavoro si ricollega all'idea di fatica, e questa all'idea di sforzo e insieme all'idea di tempo (durata dello sforzo), mentre secondo la terminologia della fisica il lavoro si ricollega all'idea di forza e all'idea di *spostamento nella direzione della forza:* senza del quale spostamento, per grande che sia la forza il lavoro è zero. Così, secondo la terminologia della fisica, il lavoro di chi tiene sollevato sopra la testa per un quarto d'ora un bilanciere da 50 kg è zero, perché la forza muscolare è applicata a un corpo che non si muove. Ed è zero anche il lavoro di chi trasporta per 2 km una valigia da 15 kg, perché la valigia si sposta in direzione orizzontale mentre la forza muscolare agisce in direzione verticale: cosicché lo spostamento nella direzione della forza, che è quello che conta ai fini del lavoro, è zero. Qualche Autore ritiene che questo sia il momento di porsi gravi interrogativi sul piano morale[3].

La verità è che, per come il lavoro e l'energia vengono definiti, *tra energia di un corpo e lavoro da esso compiuto non esiste in fisica alcuna correlazione di carattere generale.* Mi limito, per ora, a parlare di energia cinetica. Come tutti sanno (e come si deduce immediatamente dal teorema dell'energia cinetica), l'energia cinetica di un punto materiale K avente velocità v rappresenta il lavoro che *le forze applicate a K* hanno dovuto compiere per portarne la velocità da zero a v. O anche, a meno del segno, il lavoro che *le forze applicate a K* dovranno compiere per azzerarne la velocità. E che relazione intercorre tra lavoro delle forze applicate a K e lavoro delle forze esercitate da K? *In generale nessuna, assolutamente nessuna.* È questo il punto!

Esempio. Un blocco A, portatore di una carica elettrica positiva, viene lanciato lungo un piano orizzontale, in assenza d'aria e di attrito, verso un blocco B che non ha possibilità di movimento, a sua volta carico di segno più. Dato che ognuno dei due blocchi esercita sull'altro una forza repulsiva, dal momento del lancio in poi A procede verso B perdendo via via velocità: se la sua velocità iniziale non è troppo grande, si arresta prima di arrivare a contatto con B per poi ripartire immediatamente dopo in direzione opposta. Durante la fase di rallentamento, A perde tutta la sua energia cinetica: quanto lavoro ha compiuto? Zero, visto che B, al quale è applicata la forza proveniente da A, non si è mosso. Viceversa B, pur essendo completamente privo di energia cinetica, ha compiuto un lavoro resistente esattamente uguale all'energia cinetica persa da A. E, dato che nulla vieta di ripetere l'esperienza all'infinito, la conclusione è che *da un corpo privo di energia cinetica ci si può aspettare un lavoro*

---

[1] Si veda il cap. 36.

comunque grande. E allora? Allora siamo all'evidenza: l'energia cinetica di un corpo non rappresenta affatto la sua attitudine all'esecuzione di lavoro. Al cap. 43 il discorso verrà esteso all'energia potenziale. E alla bella favola che l'energia di un corpo sia il lavoro che esso può compiere, qualcuno forse non crederà più.[4]

41 – STRANE VOCI SUL CONTO DEL LAVORO

Citazioni

[1] «In generale, il fatto che una forza, esercitata da un corpo A, lavora positivamente su un corpo B, si esprime pure dicendo che si ha un trasferimento di energia da A a B. Ma giacché, per la terza legge di Newton, nel mentre A lavora positivamente su B, B lavora negativamente su A (e per un ammontare uguale in assoluto), una volta che si è assunto il modo di esprimersi prima indicato, si deve anche convenire che, il fatto che il corpo B lavora negativamente sul corpo A significa che B acquista energia da A. Insomma: il corpo che lavora positivamente cede energia, quello che lavora negativamente acquista energia.»
(Testo di fisica per il liceo scientifico)

[2] «Il lavoro fatto sulla particella dalla forza è uguale al lavoro fatto dalla particella sull'oggetto che causa la forza, cambiato di segno.»
(Testo universitario americano)

[3] «L'elettronvolt è il lavoro compiuto da un elettrone quando

---

² A sostegno della tesi secondo cui l'energia di un corpo è il lavoro che il corpo può compiere, viene a volte portato il primo principio della termodinamica nella forma tipica $q = L + \Delta U$, a norma della quale il lavoro L compiuto in condizioni adiabatiche ($q = 0$) viene pagato con una equivalente diminuzione dell'energia U del sistema considerato. A parte l'ipotesi restrittiva della mancanza di scambi termici, faccio notare che il lavoro L della formula non è *tutto* il lavoro compiuto dal sistema, ma solo il cosiddetto 'lavoro termodinamico': il lavoro che viene compiuto dal sistema su corpi che si trovano a contatto del sistema, quindi in circostanze tali per cui il lavoro compiuto *dal* sistema è necessariamente uguale, a parte il segno, a quello compiuto *sul* sistema. Per di più, l'energia U della formula non include *tutta* l'energia potenziale del sistema, ma solo quella legata alle interazioni interne.

la differenza tra potenziale iniziale e finale è un volt.»
(Testo di fisica per i licei)

[4] «In generale, in seguito al lavoro compiuto, la velocità del corpo potrà diminuire, senza però annullarsi; ciò significa che il corpo stesso ha speso soltanto una parte della sua energia cinetica iniziale; potremo allora eguagliare il lavoro compiuto alla differenza tra l'energia cinetica iniziale e quella finale:

$W = K_0 - K$. [Questa relazione] esprime il teorema dell'energia cinetica. Tale teorema è valido anche quando W è negativo, ossia quando è l'ambiente esterno a compiere lavoro positivo sul corpo; in questo caso [...] l'energia cinetica del corpo aumenta.»
(Testo di fisica per il liceo scientifico)

Commento

Citazione 1. Da come si accalora, dall'entusiasmo che ci mette, si vede subito che l'Autore dev'essere un bravo insegnante: e simpatico, per giunta. Poco importa se, nella foga, gli dovesse talvolta capitare di distrarsi. Qui, per esempio, ne combina una grossa: facendosi scudo del nome di Newton, estende pari pari il principio di azione e reazione dalle forze ai lavori. Il che, come mostrato al precedente capitolo, è del tutto abusivo.

Lo voglio ripetere: *salvo casi particolari, non c'è relazione alcuna, né di segno, né di valore assoluto, tra il lavoro compiuto da un corpo, e il lavoro compiuto dalle forze ad esso applicate* [1]: con buona pace anche dell'Autore 2, dell'Autore 3 e

---

[1] Certo, tutto può accadere, anche che i due lavori risultino uguali e contrari: tipo principio di azione e reazione, appunto. Come nel caso di interazione a contatto: se il blocco A spinge il blocco B, i punti in cui le due forze controverse (di A su B e di B su A) sono applicate subiscono identici spostamenti, per cui risultano identici, a parte il segno, anche i lavori. Ciò vale ad esempio per il lavoro che si considera in termodinamica: dove (primo principio) le variazioni dell'energia interna di un sistema vengono solitamente messe in relazione non al lavoro compiuto dalle forze che agiscono *sul* sistema, ma al lavoro – uguale e contrario – compiuto dalle forze esercitate *dal* sistema. Un discorso analogo può essere fatto per il lavoro delle forze di attrito: si veda al riguardo il cap. 69.

di tantissimi altri[2]. Quanto alla regola secondo la quale «il corpo che lavora positivamente cede energia», ecc. ecc., basta l'esempio considerato al precedente capitolo a smentirla: il blocco B compie su A un lavoro negativo, ma non per questo riceve energia. Quando due particelle P e Q, che si attraggono per effetto elettrostatico, viaggiano l'una verso l'altra, tanto la forza di P su Q come la forza di Q su P compiono lavoro positivo. Quale delle due particelle dovrebbe «cedere energia», e cioè perdere energia trasmettendola all'altra? Tutt'e due?

Ma consideri ora il lettore con attenzione la citazione 4. Secondo l'Autore, la diminuzione di energia cinetica di un corpo è uguale al lavoro da esso compiuto. E a tutto questo da un nome: teorema dell'energia cinetica. Peccato, perché il teorema dell'energia cinetica stabilisce tutt'altra cosa: stabilisce che *l'aumento* dell'energia cinetica di un corpo è uguale al lavoro *delle forze ad esso applicate.* Palesemente, anche per l'Autore 4 i due lavori (quello delle forze esercitate dal corpo e quello delle forze applicate al corpo) sono in ogni caso uguali e contrari. Del resto, che l'Autore creda in cuor suo ad un principio di azione e reazione per il lavoro è confermato dalle ultime parole, dove si dà per del tutto ovvio che, quando il lavoro delle forze esercitate da un corpo è negativo, quello delle forze ad esso applicate è positivo. E se lo studente non ci vede chiaro? Niente paura: «È solo una questione di metodo di studio».

---

[2] L'Autore 3 avrebbe dovuto dire non «il lavoro compiuto da un elettrone», ma «il lavoro compiuto dalle forze elettrostatiche applicate a un elettrone».

42 – I DANNI DELL'ENERGIA CINETICA

Citazione

«L'energia cinetica di un corpo è direttamente proporzionale alla sua massa e al quadrato della sua velocità. Verifichiamo intuitivamente la legge ora enunciata. [...] se viaggiando in automobile a 50 km/h si urta contro un ostacolo, si danneggia in una certa misura la macchina e noi stessi; ma, se si viaggia a 100 km/h, i danni alla macchina sono quattro volte più grandi e quattro volte più grande è il pericolo per la nostra incolumità.»
(Testo di fisica per il liceo scientifico)

Commento

Sì, è vero, sotto il profilo della pura logica la verifica automobilistica proposta dall'Autore non sembra irresistibile. Tuttavia, la fisica non è solo freddo raziocinio: è anche volo dell'immaginazione, sentimento, colore, qualche volta folclore. Nessuno sia qui troppo pignolo: nessuno sia tanto meschino da pretendere spiegazioni circa l'esatto significato delle parole «i danni alla macchina sono quattro volte più grandi». Faccia un po' lui, nell'economia generale del discorso ciò è del tutto ininfluente. Se gli fa piacere, pensi pure che è quattro volte più grande il conto del carrozziere. O anche che occorre un tempo quattro volte più lungo per le riparazioni. E se le riparazioni non sono possibili? Se la macchina che viaggia a 50 km/h esce di strada, colpisce in pieno un albero e si sfascia completamente? Semplice, l'altra si sfascerà quattro volte di più.

Del resto, ciò che veramente interessa è l'incolumità di chi sta sulla macchina: tutto il resto deve passare in seconda linea. Che vorrà dunque dire che «il pericolo per la nostra incolumità è quattro volte più grande»? Potrà voler dire, per esempio, che se siamo in quattro e andiamo contro un muro, a 50 all'ora si ammazza uno solo, a 100 all'ora ci ammazziamo tutti. Oppure, per chi viaggia da solo, che a 50 all'ora si ammazza una volta su quattro, mentre a 100 si ammazza sempre. Oppure ancora, in caso di sopravvivenza, che a 100 all'ora si fa quattro volte più male: che so, quattro costole rotte anziché una, o qualcosa del genere. Sì, ma se uno a 50 all'ora si rompe non una costola ma il naso, a 100 all'ora che gli succede? Be', qui la malafede di chi pone la domanda è evidente. E con gente così ragionare non serve.

84

43 - CHI È CHE COMPIE IL LAVORO

Citazioni

[A] L'energia potenziale di un corpo è il lavoro che il corpo può compiere grazie alla sua posizione.
(Autori vari)

[B] L'energia potenziale è il lavoro che dobbiamo compiere contro le forze del campo per spostare un corpo fino alla posizione di riferimento.
(Autori vari)

[C] L'energia potenziale è il lavoro che le forze conservative debbono compiere per spostare un corpo fino alla posizione di riferimento.
(Autori vari)

Commento

Che il testo sia pessimo, o mediocre, o anche discreto, o magari buono, poco importa: quando c'è di mezzo l'energia in genere, e l'energia potenziale in particolare, capita comunque di sentirne di tutti i colori. E io credo che su nessun altro argomento di base gli studenti abbiano idee altrettanto precarie.

Nelle tre proposizioni iniziali ho sintetizzato le tre linee di pensiero che, relativamente all'energia potenziale, vanno per la maggiore.

La definizione [A], largamente adottata, ripropone l'idea di energia di un corpo come «lavoro che il corpo può compiere»: l'energia potenziale, in particolare, sarebbe il lavoro che un corpo può compiere «grazie alla sua posizione». Obietterei quanto segue: definire l'energia potenziale di un corpo K in funzione della sua posizione (e in funzione naturalmente di una prefissata posizione di riferimento) significa definire l'energia potenziale di K in funzione dei suoi spostamenti (dalla posizione attuale a quella di riferimento): e ciò che, nel caso di forze conservative, può essere messo in relazione biunivoca con gli spostamenti di K non è il lavoro compiuto da K (cioè *dalle forze che K esercita su altri corpi*), ma quello compiuto *dalle forze che a K sono applicate* (se qualcuno non coglie bene la differenza, rilegga il cap. 40). Si noti tra l'altro che, se veramente l'energia potenziale U di K fosse il lavoro che K può compiere, le variazioni di U sarebbero legate non al lavoro compiuto dalle forze a cui K è sottoposto, ma al lavoro compiuto da K, in generale diverso: e il risultato sarebbe terribile, perché quand'anche tutte le forze applicate a K fossero conservative, l'energia di K (somma dell'energia cinetica e dell'energia potenziale) *non si conserverebbe*.

La definizione [B] non definisce niente. Che ne sappiamo se lo spostamento del corpo richiede un nostro lavoro? Dobbiamo forse compiere lavoro per ottenere che un sasso si sposti dalla nostra mano al terreno? E ammesso anche che sia necessario un nostro lavoro, lo spostamento fino alla posizione di riferimento può verificarsi sotto l'azione di una forza comunque grande: e dunque il lavoro da noi compiuto per spostare il sasso da un punto ad un altro può assumere qualsiasi valore[1].

Per dare al lettore un'idea di come, in questo campo, la confusione regni sovrana, gli propongo la lettura del seguente brano (tratto da un testo di fisica per il liceo scientifico): «Il lavoro compiuto per sollevare il corpo nel campo di gravità terrestre, lavoro di tipo resistente, è uguale e opposto alla variazione di energia potenziale. In altri termini, quando solleviamo un corpo [...] essendo $L < 0$, risulta $\Delta U > 0$, cioè esso aumenta la propria energia potenziale». Visto? Per l'Autore, se solleviamo un sasso compiamo un lavoro resistente! Evidentemente non riesce a distinguere il lavoro compiuto da noi dal lavoro compiuto dalla forza peso.

Definizione [C]. È di gran lunga la migliore delle tre. Tuttavia, perché, di grazia, quel dannatissimo «devono compiere per spostare» che gli studenti non riusciranno mai più a scrollarsi di dosso? Tale terminologia implica, *in modo del tutto arbitrario,*

---

[1] Volendo salvare a tutti i costi la definizione, occorrerebbe anche precisare (e la precisazione non c'è mai): primo, che, oltre alla forza conservativa implicata nella vicenda (per esempio, se si parla di energia potenziale gravitazionale, la forza gravitazionale) agisce sul corpo *solo* la forza da noi esercitata; secondo, che nella posizione finale l'energia cinetica ha *lo stesso valore* che aveva nella posizione iniziale (in tal modo il lavoro complessivo è zero, quindi il nostro lavoro è uguale e contrario a quello della forza conservativa); terzo, che il «lavoro che dobbiamo compiere» è quello che serve per portare il corpo non dalla posizione attuale P a quella di riferimento R, ma da quella di riferimento a quella attuale (così, il nostro lavoro da R a P coincide col lavoro della forza conservativa da P a R). Adesso l'idea di energia potenziale è corretta, ma... che spaventosa complicazione!

che lo spostamento del corpo fino al riferimento sia l'effetto delle forze conservative. E quando il lavoro è negativo? Se, per esempio, dobbiamo definire l'energia potenziale gravitazionale di un ascensore, fermo al piano terreno (posizione attuale), rispetto al 5° piano (posizione di riferimento), cosa diremo? Che è il lavoro che la forza peso «deve compiere per sollevare» l'ascensore fino al 5° piano?

A me pare che una buona definizione, semplice e rigorosa al tempo stesso, possa essere questa: l'energia potenziale di un corpo K *è il lavoro eventuale delle forze conservative*. E precisamente, è il lavoro che le forze conservative applicate a K compirebbero qualora, per una qualsivoglia ragione, K cambiasse posizione, portandosi nella posizione di riferimento. Tutto qui.[2]

---

2 Un autorevole esponente del mondo accademico ebbe a suo tempo (giugno 1991) la bontà di elogiare questo libro – non senza un certo tono di sussiego – sulle pagine culturali di un quotidiano nazionale. Ritenne tuttavia opportuno, alla fine dell'articolo, darmi, per questa mia definizione di energia potenziale, una tiratina d'orecchi. Dopo aver ricordato che nel cap. 40 (in questa edizione, il cap. 38), a proposito dell'idea di *lavoro necessario per spostare un corpo*, io avevo scritto: «come minimo, era necessario aggiungere *senza variazioni di energia cinetica*», osservò che io ora cadevo in contraddizione: «Non fa cenno *lui même* – scrisse – a quella benedetta energia cinetica». Aggiunse che, certo, io avrei potuto difendermi facendo notare che «lo avevo già specificato al n. 40». Ma subito, paternamente, mi impartiva la seguente lezioncina: «Obiezione fiacca. La didattica è tutta un ripetere le stesse cose in contesti diversi». Francamente seccato per un appunto così pubblico e così infondato, tenni a far subito sapere almeno al mio editore come stavano realmente le cose. Gli scrissi, ironicamente, che il mio recensore era stato troppo buono nel definire 'fiacca' la mia presunta obiezione. «Una simile obiezione – spiegai – avrebbe meritato di essere definita non fiacca, ma a dir poco ridicola». E aggiunsi: «In realtà, un'obiezione al recensore io la muovo: e mi sembra un po' meno fiacca. Gli chiedo infatti di spiegarmi per quale ragione al mondo, definendo l'energia potenziale come *lavoro eventuale delle forze conservative*, avrei dovuto tirare in ballo l'energia cinetica iniziale e finale. Forse che, una volta assegnato lo spostamento, il lavoro delle forze conservative non è già del tutto determinato?». «Ma poco importa – concludevo con un po' di perfidia – : ciò che al mio recensore stava a cuore era di dimostrare una volta di più che tutti, ma proprio tutti, siamo esposti al rischio di scivolare su una buccia di banana. E, sotto

44 – UN SEGNO MENO PER L'ENERGIA

Citazione

«La fisica classica ed il comune modo di condurre i ragionamenti suggeriscono infatti che l'energia posseduta da un corpo (potenziale, termica, ecc.) può diminuire, al limite può anche annullarsi, ma non può certo assumere valori minori di zero; è come vuotare un bicchiere d'acqua: quando è stata versata l'ultima goccia, altro non si può fare; non è facile pensare a quantità d'acqua negative!»

(Testo di fisica per il liceo scientifico)

Commento

Potenza delle immagini! Quanti, che non abbiano idee ben salde sui fondamenti della fisica, sapranno resistere all'argomentazione del bicchiere? Tanto più che l'Autore, evidentemente deciso a travolgere ogni resistenza, si è anche appellato alla fisica classica e, ove questo ancora non bastasse, al «comune modo di condurre i ragionamenti».

Circa il comune modo di condurre i ragionamenti, penso che tutto sia possibile e preferisco non prendere impegni. Ma sul fatto che la fisica classica suggerisca che l'energia non può assumere valori negativi, mi sentirei di fornire al lettore, bicchiere o non bicchiere, le più ampie rassicurazioni: la fisica classica suggerisce un'infinità di cose, ma questa proprio non la suggerisce. Certo, un'energia cinetica negativa non esiste, e quindi nemmeno l'energia termica potrà risultare negativa: sempre che per «energia termica» (che è una delle locuzioni più infide di tutta la fisica) si intenda l'energia cinetica associata al moto di agitazione (individuale, disordinato, casuale) delle particelle costitutive di un oggetto macroscopico. Ma l'energia potenziale, in quanto «lavoro eventuale delle forze conservative», per quale ragione al mondo non dovrebbe poter essere negativa? L'energia potenziale gravitazionale del bicchiere (quello di prima) posto sul tavolo, non è forse negativa rispetto al riferimento del soffitto? Mi chiedo: ha mai sentito parlare, l'Autore,

---

questo aspetto, che a scivolare sia – *lui même* – il recensore del libro piuttosto che l'autore, è in fin dei conti secondario: lo scopo è comunque raggiunto!». Seppi in seguito dall'editore che, presa visione della lettera, l'autorevole personaggio era andato su tutte le furie.

di livelli energetici degli elettroni atomici ? E non ha mai notato che, avendo posto il riferimento dell'energia potenziale elettrostatica a distanza infinitamente grande, l'energia complessiva di un elettrone atomico assume solo valori negativi? E non sa che, *mutatis mutandis*, per un pianeta o per un satellite si può dire esattamente la stessa cosa? Ma sì, è ovvio che all'Autore queste cose sono ben note. E allora, chi o che cosa può averlo indotto a sconfessare tutto in un sol colpo? Forse il «comune modo di condurre i ragionamenti»? È possibile. Ma è più probabile che sia stato il bicchiere.

45 – DOVE SONO I JOULE?

Citazioni

[A] «Se tale lavoro non viene dissipato [...] è intuitivo che lo si debba ritrovare da qualche parte contenuto nel corpo sotto forma di energia.»
(Testo di fisica per il liceo scientifico)

[B) «Tale energia resta immagazzinata nel peso [...]; essa viene detta energia potenziale di gravità.»
(Stesso testo della [A]*)*

[C] «[...] il lavoro compiuto nella deformazione si ritrova sotto forma di energia potenziale immagazzinata nella molla e detta energia potenziale elastica.»
(Stesso testo della [A]*)*

[D] «Dov'è l'energia del condensatore? Evidentemente nel campo elettrico tra le armature.»
(Testo di fisica per il liceo scientifico)

Commento

Con l'energia cinetica non succede, né con la velocità, e nemmeno, che so, con la temperatura o l'accelerazione. Quando mai qualcuno si è chiesto *dov'è* l'energia cinetica di un corpo? O *dov'è* la sua velocità, o la sua temperatura, o la sua accelerazione? Ma con l'energia potenziale succede: non appena si parla di energia potenziale, gli Autori (praticamente tutti) vengono assaliti dal bisogno impellente di localizzare, di assegnare una posizione nello spazio. Così, ad esempio, l'energia potenziale gravitazionale di un sasso viene localizzata nel sasso (citazione [B]): e fin qui, poco male, anche perché – come la citazione [A] chiaramente attesta – «è intuitivo». Se però (citazione [C]) il sasso è attaccato all'estremità inferiore di una molla (che conseguentemente, in condizioni statiche, risulta allungata quanto serve per neutralizzare il peso del sasso) colpo di scena: contrariamente a quanto ci saremmo aspettati, l'energia potenziale elastica del sasso non è nel sasso: è nella molla, nel sasso c'è solo l'energia potenziale gravitazionale. Il che dà, come minimo, il senso dell'ingiustizia. Ma non è finita. Per quale ragione un condensatore possiede energia? Per il semplice fatto che le due armature, cariche di segno contrario, si attraggono. Cos'è quindi l'energia del condensatore? È energia potenziale elettrostatica: precisamente, conviene assumere che rappresenti il lavoro delle forze elettrostatiche durante il processo di scarica[3]. Tutto sembrerebbe chiaro, ma ecco (citazione [D]) la domanda infernale: *dov'è l'energia del condensatore? dove sono i joule?*

Riavutosi dalla sorpresa, lo studente, memore della molla e soprattutto del sasso, risponderà senza esitazioni: sulle armature. Nossignori: «Evidentemente» l'energia è non sulle armature, ma nel campo elettrico tra le armature! E allo studente non resta che rassegnarsi: l'energia potenziale ora è qua, ora è là, dipende. Non ci sono regole. Bisogna intuire.

46 – ALLA RICERCA DEL SENSO PERDUTO

Citazione

«L'energia contenuta nelle radiazioni elettromagnetiche, per esempio nelle onde luminose o nelle onde radio, è sostanzialmente energia potenziale elettrica.»
(Testo preuniversitario americano)

Commento

È un'altra costante universale: dalle prime alle ultime pagine di un testo di fisica il significato del termine 'energia' si va facendo via via più incerto, più indistinto, più vago. Alla fine, è

---

3 Se Q è la carica dell'armatura positiva e V il potenziale dell'armatura positiva rispetto a quella negativa, durante il processo di scarica le forze elettrostatiche interne al sistema compiono il lavoro $QV/2$. Il lavoro compiuto durante il processo di carica è uguale in valore assoluto ma è negativo.

talmente svaporato che, a sentir parlare di energia, nessuno sa più a che cosa esattamente pensare.

In un primo tempo, a livello di Meccanica, il concetto di energia viene introdotto con grande spiegamento di forze: si definisce l'energia cinetica, si definisce l'energia potenziale, si fanno esempi, si informa il lettore che l'energia si conserva. Soprattutto, lo si avverte che siamo solo all'inizio, e non è il caso di farsi illusioni: altre, molte altre forme di energia sono in arrivo. E qualcuno aggiunge: l'energia è un mistero. Con ciò, bene o male, lo studente una sua idea sull'energia se l'è fatta: magari non proprio rigorosa, ma almeno solida.

Ma lo studente affronta, dopo la meccanica, un nuovo capitolo della fisica: termologia. Ed ecco, entra in scena il calore. Cos'è il calore? Un coro sterminato risponde: *è una forma di energia.* D'accordo, pensa subito lo studente, ma... in che senso, esattamente, è «una forma» di energia? Una forma di energia cinetica? Una forma di energia potenziale? Un'altra forma ancora? Benissimo, un'altra forma. E... la definizione? Niente definizione, il coro tace. Una forma di energia, e basta. Forse – pensa lo studente, a cui piace credere che, nella scienza, dietro a ogni parola ci sia un'idea precisa – forse il calore è una «forma» di energia nel senso che non è propriamente energia, ma solo una 'specie' di energia: qualcosa che ricorda molto da vicino l'energia, e che noi chiameremo senz'altro energia, ma solo per comodità. Così pensa, perplesso, lo studente: mentre, quand'anche nessuno l'avesse preavvertito, il sospetto che l'energia sia un mistero si insinua per la prima volta in lui.

E in acustica? Attenzione! – grida il coro. L'onda non trasporta materia, trasporta movimento, e trasporta energia. Che razza di energia? Un'altra «forma», una delle tante preannunciate? Ma no, riflette lo studente, a cui nessuno si sogna di dare spiegazioni: se l'onda trasporta movimento, è chiaro che l'energia trasportata dall'onda è l'energia associata al movimento, una normalissima energia cinetica! E se invece fosse... no, non è possibile: che senso avrebbe un trasporto di energia potenziale? Eppure, un punto che oscilla possiede insieme energia cinetica ed energia potenziale: per cui, se l'oscillazione si propaga... Lo studente saprebbe anche ragionare: ed è forse proprio per questo che nella sua testa l'idea di energia è ormai in piena crisi.

Ma sono solo anticipazioni, avvisaglie. Perché è nella fase conclusiva del corso che la tragedia si consuma nella sua pienezza. Ormai non c'è più scampo: in elettromagnetismo, ogni tre righe si parla di energia, e il controllo della situazione è perduto per sempre. Il condensatore possiede energia: $qV/2$, come si può dimostrare, oppure, a scelta, $CV^2/2$, o anche $q^2/2C$. È importante, sottolinea il professore: lo chiedono all'esame. Ma ecco sul libro il punto di non ritorno: *dov'è l'energia del condensatore?* Lo studente cerca di raccapezzarsi, di raccogliere le idee, ma non ci arriverebbe mai: *l'energia è nel campo elettrico tra le armature.* È ragionevole, garantisce il coro: è intuitivo. Ma... in che senso, in che modo, l'energia è nel campo? Sparpagliata? Be', sì, certo – conferma il professore: *distribuita.*

E i generatori, che fanno? Producono energia elettrica. E i motori? Consumano energia elettrica. E i resistori? «Dissipano» energia elettrica. E noi tutti paghiamo la bolletta della luce, com'è anche giusto. Allo studente non darebbe fastidio se, di passaggio, il libro gli chiarisse che cosa di preciso significa «energia elettrica»: ma la precisazione non c'è, forse è un falso problema: quando si è detto energia elettrica, si è detto tutto.

E siamo al gran finale: i fatidici «cenni» di fisica moderna. Che cos'è, in fondo, la materia? È *energia concentrata:* anzi, «congelata». L'energia si può dunque congelare? Eccome, basta guardare la materia. La radiazione invece è *energia radiante, energia pura.* Pura? Pura, con tanto di formula: hf, dove h è la costante di Planck ed f la frequenza[1]. Ma in che senso «pura»? C'è anche l'energia non pura? Certo, solo quella della radiazione è pura: l'altra non è pura. E perché, di grazia, non è pura? Nessuno ne parla, dev'essere intuitivo: probabilmente inquina. Ad ogni modo – pensa lo studente che non ha ancora perso il vizio di voler dare un senso alle parole – a parte la purezza e a parte la formula, che tipo di energia è quella di un fotone? Domanda, a quanto pare, oziosa, forse un po' stupida: basti pensare che tra tutti gli Autori a me noti uno solo pone il problema: l'americano che ho citato all'inizio del capitolo.

E qual è la riposta? *Energia potenziale elettrica.* Cosa? – chiede stupefatto lo studente – Come un elettrone attorno a un

---

[1] La radiazione elettromagnetica di frequenza f è costituita da particelle ('fotoni') aventi energia hf ($h = 6,63 \times 10^{-34}$ J·s).

nucleo atomico? Tale e quale. Ma, grida lo studente, gli elettroni hanno carica, e i fotoni no! E se i fotoni non hanno carica, non sono soggetti a forze elettriche! Perciò, come si può parlare di energia potenziale elettrica dei fotoni?

Chissà, cerca allora disperatamente di ragionare lo studente, forse il libro si riferisce a *un'altra* energia elettrica: quella sparpagliata nel campo che si propaga. Però, se è così, perché chiamarla «potenziale»? Il campo elettrico che si propaga non è per nulla un normale campo elettrostatico: è il campo prodotto dalle variazioni di un campo magnetico, è il cosiddetto campo elettrico 'indotto', e le sue forze *non sono* conservative. E come si può parlare di energia potenziale se le forze non sono conservative?

Tanto più che poi si scopre che i fotoni 'pesano', né più né meno delle particelle di materia. E che, per effetto del lavoro negativo delle forze gravitazionali, i fotoni emessi dal Sole perdono energia (senza perdere velocità) arretrando verso il rosso: tanto lavoro negativo, altrettanta energia in meno... A questo punto, nella testa dello studente un lampo squarcia le tenebre. Diavolo! Vuoi vedere che, dopotutto, l'energia dei fotoni, l'energia «radiante», l'energia «pura», è ancora e sempre la buona, vecchia, cara e mai abbastanza lodata energia cinetica?

47 – TUTTE LE FORME DELL'ENERGIA

Citazioni

[A] «Con altre parole si può dire che esistono cinque tipi o forme di energia (elettrica, meccanica, chimica, radiante, nucleare) e ciascuno di questi tipi o forme può esistere allo stato potenziale o allo stato cinetico.»
(Testo di chimica per il liceo scientifico)

[B] «Nel presente paragrafo cominceremo con l'occuparci dei due tipi fondamentali di energia meccanica: l'energia cinetica e l'energia potenziale.»
(Testo di fisica per il liceo scientifico)

[C] «Va osservato che esistono altre forme di energia oltre quella cinetica, potenziale e termica, quali, ad esempio, l'energia elettrica, magnetica e nucleare.»
(Testo universitario per ingegneria e fisica)

[D] «[...] la forza elettrica compie un lavoro e trasforma l'energia potenziale elettrostatica in energia elettrica.»
(Testo di fisica per il liceo scientifico)

Commento

Mettere in testa allo studente che molte sono le forme dell'energia: ecco, per la maggior parte degli Autori, una preoccupazione assillante. A volte sembra quasi una gara a chi, di possibili forme di energia, ne scova di più. Sotto tale aspetto, l'Autore [A] resta, con solo cinque forme di energia al suo attivo, nella normalità. Altri chiamano in causa anche l'energia termica, l'energia magnetica, l'energia elastica, l'energia sonora, l'energia solare, l'energia eolica, l'energia geotermica, l'energia mareomotrice... e via sbizzarrendosi. Mi chiedo perché non includere nell'elenco, già che ci siamo, l'energia muscolare: come se, in mancanza d'altro, una barca non potesse avanzare a forza di remi. E l'energia mentale? Non si racconta forse di gente che piega i cucchiai con la forza del pensiero?

Ma, a onor del vero, dire che il primo dei quattro Autori resta nella normalità significa fargli torto. Perché in realtà, nella sua visione del mondo, tutte, assolutamente tutte le forme di energia possono risultare, a seconda delle circostanze, potenziali o cinetiche: e se questo è normale... Capito? Quando tutti noi pensavamo che esistesse un'unica energia cinetica, che l'energia cinetica fosse energia cinetica e basta, eravamo fuori strada. Ora sappiamo che esiste un'energia cinetica gravitazionale, un'energia cinetica elastica, un'energia cinetica elettrostatica, e via dicendo: il che moltiplica prodigiosamente il numero delle possibili forme energetiche.

Un discorso a parte mi pare meriti l'energia meccanica, la cui essenziale caratteristica sta in questo: che sentendola nominare, non si sa mai bene a che cosa pensare. Nel primo dei tre testi citati viene così definita: «l'energia direttamente legata alla massa di un corpo in movimento; es. un volano, una cascata d'acqua, un albero motore che gira ecc.». Insomma, quella che chiunque di noi chiamerebbe familiarmente energia cinetica. Molti Autori chiamano invece energia meccanica la somma dell'energia cinetica e dell'energia potenziale gravitazionale. Altri, se capisco bene, aggiungono l'energia potenziale elastica. Altri ancora, come ad esempio l'Autore [B], sembrano includere qualsiasi altra forma di energia potenziale: perciò è energia meccanica anche l'energia chimica, elettrica, nucleare... e Dio sa cos'altro ancora, dato che la citazione [B] fa capire chiaramente che l'energia cinetica e l'energia potenziale sono solo «i due tipi fondamentali» di energia meccanica: gli altri tipi sono meno importanti.

Ma qualcuno sceglie la linea della semplicità: secondo un testo per i licei l'energia meccanica è lavoro, nient'altro che lavoro. Introducendo, in termodinamica, l'equivalenza lavoro-calore, l'Autore scrive infatti: «il lavoro, e cioè l'energia meccanica, ed il calore sono due forme di energia». E, perché l'importanza del concetto non rischi di sfuggire al lettore, incornicia il tutto con una linea rossa.

Già che ci siamo, esprimerò anch'io un parere. A me la locuzione «energia meccanica» piacerebbe molto: purché servisse a designare l'energia della materia, separandola dall'energia della radiazione elettromagnetica. Quanto alle «molte forme di energia», il concetto mi sembra non solo poco interessante, ma anche abbastanza pericoloso, perché suggerisce idee perverse: per esempio, che l'energia termica, l'energia del vento, l'energia delle maree non abbiano nulla a che vedere con l'energia cinetica; che l'energia elastica non sia, in definitiva, energia potenziale legata all'interazione elettromagnetica tra molecole; che l'energia gravitazionale o elettrica o chimica o nucleare non siano, ancora e sempre, energie di tipo potenziale (l'Autore [C] e l'Autore [D] lo negano esplicitamente). Al contrario, mi sembrerebbe più istruttivo unificare: sottolineare che, al di là dell'apparente molteplicità delle manifestazioni energetiche, l'idea ultima di energia è, in *fisica* classica almeno, una sola. Perché dietro la parola energia troviamo sempre, in ultima analisi, l'energia cinetica: $mv^2/2$ per le particelle di materia, hf per le particelle di radiazione[1].

---

[1] In quanto «lavoro eventuale delle forze conservative», l'energia potenziale è nient'altro che energia cinetica (in più o in meno) allo stato di possibilità. Con la fisica moderna viene introdotta anche l'energia relativistica di quiete, o, come dice qualcuno, l'energia «intrinseca» della materia: $E_0 = mc^2$. Tale quantità può (entro limiti) trasformarsi in energia cinetica di particelle di materia (come nei processi di fissione e fusione nucleare) o di particelle di radiazione (come nei processi di annichilazione di 'coppie' costituite da particella e relativa

48 – QUANDO SI DICE ISOLATO (prima parte)

Citazione

«Diremo 'isolato' un sistema su cui non agiscono forze esterne o, per meglio dire, un sistema rispetto al quale la risultante delle forze esterne è uguale a zero.»
(Testo di fisica per il liceo scientifico)

Commento

La seconda parte della frase, introdotta dalle parole «per meglio dire», rappresenta in effetti, rispetto alla prima, un salto di qualità decisivo: la prima rappresenta il passato, la seconda il presente, e forse il futuro.

Così, ora sappiamo che un filo elastico assoggettato a trazione permane ciò nondimeno nel suo isolamento, grazie al fatto che le forze, uguali e contrarie, applicate ai due estremi hanno risultante zero. Non tragga in inganno l'allungamento del filo, non la sua eventuale rottura: in virtù dell'isolamento del sistema, allungamento e rottura sono a tutti gli effetti problemi interni! Analogamente, un corpo rigido che entra in rotazione per effetto di una coppia di forze dovrà d'ora in poi essere considerato isolato, in considerazione anche qui del fatto che le forze applicate hanno risultante zero.

Con ciò vengono chiaramente superate, e dovranno essere abolite, alcune leggi di conservazione relative proprio ai sistemi isolati: la conservazione dell'energia, la conservazione del momento della quantità di moto. Per qualcuno la rinuncia potrà essere dolorosa: è umano. Ma la storia della *fisica* è costellata di questi sacrifici: altri hanno saputo via via rinunciare all'idea geocentrica, all'idea di fluido calorico, all'idea di etere luminifero... e noi non dovremmo poter fare a meno di un paio di leggi di conservazione?

---

antiparticella). Si osservi che alle alte velocità la formulazione classica dell'energia cinetica della materia, $mv^2/2$, va sostituita dall'espressione relativistica $EC = (\gamma - 1)\, mc^2$, dove c è la velocità della luce nel vuoto e $\gamma = 1/\sqrt{1 - v^2/c^2}$.

49 – PURCHÉ NON LAVORI L'ATTRITO

Citazioni

[A] «In un sistema dinamico i cui elementi sono soggetti soltanto a forze conservative, la somma dell'energia cinetica totale e dell'energia potenziale totale è costante.»
(Testo di fisica per il liceo scientifico)
[B] «La somma dell'energia cinetica e dell'energia potenziale si conserva solo quando agiscono forze conservative.»
(Testo universitario americano)

Commento

Lo dicono praticamente tutti, ma per la verità la situazione non è poi così tragica. Le condizioni perché la somma dell'energia cinetica e dell'energia potenziale si mantenga costante non sono così ristrette: *non è affatto necessario che le forze siano tutte conservative*. Basta che le forze non conservative eventualmente in azione, per esempio le forze di attrito, non compiano lavoro. Ad esempio, se un cilindro sufficientemente rigido rotola senza strisciare giù per un piano inclinato a sua volta sufficientemente rigido[1] le forze d'attrito non compiono lavoro, in quanto applicate a punti la cui velocità è zero: tant'è che non si verifica, sulle superfici a contatto, il benché minimo effetto di riscaldamento (o, come suol dirsi, di «dissipazione» dell'energia). Qui dunque l'attrito c'è, e produce effetti spettacolari: trasforma quello che altrimenti sarebbe un moto di pura traslazione in un moto di puro rotolamento. *Ma non compie lavoro*, per cui l'energia cinetica del cilindro che scende a valle aumenta solo in ragione del lavoro della forza peso: cosicché, tanta energia potenziale gravitazionale in meno, altrettanta energia cinetica in più. Nonostante l'attrito – dirò di più, *grazie al fatto che l'attrito è abbastanza grande* (da impedire qualsiasi strisciamento), l'energia del cilindro si è conservata.

---

[1] La condizione «sufficientemente rigido» sta ad indicare che i due corpi a contatto si deformano solo entro i limiti di elasticità: così possiamo trascurare gli effetti dell'attrito volvente.

50 – NÉ CONSERVATIVE, NÉ DISSIPATIVE

Citazioni

[A] «Passiamo ora alla trattazione del caso più generale in cui sul sistema in esame agiscano sia forze conservative che forze non conservative. Queste ultime vengono anche chiamate forze dissipative, in quanto il lavoro di tali forze dipende dal particolare percorso seguito [...]. Tale lavoro è la causa di dissipazione di una certa quantità di energia che viene a mancare nel bilancio totale.»
(Testo universitario per ingegneria e fisica)

[B] «Le forze possono essere classificate come conservative e non conservative (o dissipative). Se sono presenti forze non conservative, l'energia non si conserva, viene invece dissipata, almeno in parte.»
(Enciclopedia scientifica)

Commento

Non si capisce perché le forze non conservative debbano essere sempre presentate in una così cattiva luce: dopotutto, se non fosse per l'attrito non potremmo spostarci, tutto ci sfuggirebbe di mano, la vita sarebbe un inferno, sarebbe anzi praticamente impossibile.

A parte questo, accusare senz'altro le forze non conservative di dissipare energia non mi sembra onesto. È vero: «il lavoro di tali forze dipende dal particolare percorso seguito», cioè dalla traiettoria percorsa dal punto di applicazione tra posizione iniziale e posizione finale. E con ciò? Perché mai questo fatto dovrebbe necessariamente implicare la «dissipazione di una certa quantità di energia»? Le forze non conservative che, compiendo lavoro motore, producono energia cinetica senza un corrispondente consumo di energia potenziale, sono forse anch'esse dissipative?

È quello che accade, ad esempio, quando noi lanciamo un sasso: il lavoro della nostra forza muscolare, chiaramente non conservativa[1], ha forse prodotto una perdita di energia? Oppure, si pensi a una spira metallica che viene investita da un

---

[1] In quanto il lavoro da essa compiuto può assumere, per una data posizione iniziale e una data posizione finale del punto di applicazione, infiniti diversi valori.

campo magnetico diretto perpendicolarmente al piano della spira. Se l'intensità del campo varia nel tempo, nella spira circola una corrente: la spira si riscalda, una lampada posta in serie alla spira si accende, un motorino collegato alla spira entra in movimento. Da dove arriva tutto questo ben d'Iddio di energia? Dal lavoro di forze *non conservative* che agiscono, nella spira, sugli elettroni di conduzione: le forze del campo elettrico 'indotto' dalle variazioni del campo magnetico. E chi potrà mai credere che tali forze siano «la causa di dissipazione di una certa quantità di energia che viene a mancare nel bilancio totale»?

51 – UNA QUESTIONE DI PRINCIPIO

Citazione

«In un sistema soggetto a forze conservative la somma dell'energia cinetica e dell'energia potenziale è costante. Tale principio può essere opportunamente esteso anche al caso in cui le forze non siano conservative, e costituisce forse la più importante legge della fisica.»
(Testo universitario per ingegneria e fisica)

Commento

Verissimo, nessuna legge può competere con questa, nessuna esercita altrettanto fascino. Ma il discorso è piuttosto delicato, ed è imperdonabile che, al riguardo, l'Autore di un testo universitario se la sbrighi – nel passo qui citato e altrove – in modo così trasandato.

  Prima di tutto, il sistema macroscopico a cui con la prima affermazione l'Autore si riferisce deve essere isolato, nel senso che non deve essere soggetto a forze esterne (provenienti cioè da corpi che non fanno parte del sistema), o quanto meno a forze esterne che compiano lavoro: le forze conservative di cui si parla nella citazione sono quindi forze *interne* al sistema.

In secondo luogo, non occorre affatto che *tutte* le forze siano conservative, è sufficiente (cfr. cap. 49) che le forze non conservative non lavorino.

In terzo luogo, fintanto che tutte le forze (che compiono lavoro) sono conservative, non è il caso di scomodare i princìpi: la conservazione dell'energia è solo un teorema, un teoremino di immediata dimostrazione. In generale infatti *l'aumento* dell'energia cinetica (valore finale meno valore iniziale) è uguale al lavoro di tutte indistintamente le forze, mentre la *diminuzione* dell'energia potenziale (valore iniziale meno valore finale) è uguale al lavoro delle forze conservative. Se per caso succede che lavorano solo le forze conservative, il lavoro di tutte le forze non è altro che il lavoro delle forze conservative: cosicché l'aumento dell'energia cinetica si identifica con la diminuzione dell'energia potenziale, e, come volevasi dimostrare, la somma delle due variazioni è zero. Ripeto: *non è una legge*, non ha bisogno di basi sperimentali, non corre alcun rischio di essere, un domani, dimostrata falsa. Se anche la legge di conservazione dell'energia, nella sua forma più generale, dovesse un giorno risultare violata, questa specifica legge di conservazione resterebbe comunque valida.

E se lavorano anche forze non conservative, come l'attrito? Addio teorema, la conservazione dell'energia non può più essere dimostrata. È un atto di fede, fondato beninteso dall'esperienza: perciò *questa è una legge*. Ed equivale ad affermare che le forze applicate alle singole particelle sono in realtà sempre conservative: per cui noi siamo ragionevolmente certi che se qualcosa, in fatto di energia complessiva, viene a mancare – oppure risulta in eccesso – a un primo livello di indagine, una variazione opposta di energia si è verificato a un livello più profondo, di modo che la somma di tutte le variazioni è zero.[2]

Ma c'è di più: al di là dei riscontri sperimentali, la conservazione dell'energia diventa ora effettivamente una questione di principio, perché le leggi di conservazione possono essere dedotte per via matematica da princìpi di simmetria. La conservazione dell'energia, in particolare, è legata all'idea di simmetria del tempo (o *simmetria per traslazione temporale*), secondo la quale le leggi della fisica sono in qualsiasi istante le stesse.

---

2 Per esempio, quando la temperatura di un corpo aumenta, aumenta l'energia cinetica media delle sue molecole. Quando un solido fonde sotto pressione costante e quindi a temperatura costante, rispetto alle molecole del solido quelle del liquido hanno in media uguale energia cinetica ma più grande energia potenziale. Quando, in un motore a combustione interna, una miscela di aria e benzina esplode, l'energia cinetica che appare a livello macroscopico viene pagata a livello molecolare con un equivalente consumo di energia potenziale chimica.

In definitiva, la legge di conservazione dell'energia viene ritenuta senz'altro valida fino a prova contraria[3]. Come enunciarla? Gli Autori si sbizzarriscono. Tra le tante versioni, io prediligo la più semplice: *la quantità di energia dell'universo è costante.*

Ma attenzione, potrà essere necessario mettere in conto anche l'energia associata alla massa (l'energia relativistica di quiete $E_0 = mc^2$), perché tale quantità può trasformarsi in energia cinetica di particelle di materia o di particelle di radiazione, o viceversa può aumentare a scapito di un'equivalente quantità di energia cinetica. Ad esempio, l'energia liberata nei processi di fissione o fusione nucleare è energia cinetica che corrisponde alla differenza tra la massa complessiva delle particelle che prendono parte alla reazione e la massa complessiva, *inferiore alla precedente*, delle particelle prodotte dalla reazione. Oppure, quando un fascio di protoni di alta energia colpisce la materia, vengono prodotte nuove particelle, la cui massa (la cui energia di quiete) corrisponde a energia cinetica perduta dai protoni[4]. Ma l'esempio più suggestivo è l'annientamento ('annichilazione') di particella e antiparticella e della relativa massa con produzione di radiazione, oppure il processo inverso: l'energia di quiete complessiva delle particelle scomparse (o, nel processo inverso, prodotte) è l'esatto corrispettivo dell'energia cinetica dei fotoni prodotti (o scomparsi).

[3] «L'improvvisa e recente perdita della conservazione della parità e della simmetria particella-antiparticella costituisce per scienziati e filosofi un avvertimento in più sul fatto che altre leggi fisiche 'sacre' potrebbero rivelarsi sbagliate» (J. Orear, *Fisica Generale*, Zanichelli).

[4] La materia creata in questo modo al CERN di Ginevra dal 1954 fino ad oggi ha, in totale, una massa molto inferiore al millesimo di grammo: a causa della relazione $E_0 = mc^2$, occorre trasformare un'enorme quantità di energia per produrre una minima quantità di materia.

52 – SE IL RIFERIMENTO PRECIPITA

Citazione

«Nel linguaggio comune la massa dei corpi viene grossolanamente confusa con il loro peso. Si precisa che [...] mentre il peso di un corpo varia al variare dell'accelerazione di gravità e può perfino annullarsi, la sua massa non subisce alcuna variazione. Esempio pratico di quanto detto: un'astronave Apollo o Soyuz ha una massa di qualche tonnellata; il suo peso diventa zero quando g assume valore zero (a circa 100 km dalla Terra).»
(Testo di chimica per le secondarie superiori)

Commento

Come in tutto il libro, il tono del discorso trasuda sicurezza, orgogliosa consapevolezza scientifica, giusta severità nei riguardi dei non addetti. E in questo caso anche giusta equidistanza politica. Con tutto ciò, la cantonata è terrificante. L'implicazione è che, 100 km sopra la superficie terrestre, l'astronave, libera ormai da impacci gravitazionali, lasci perdere l'idea di orbitare attorno alla Terra e se ne vada via in linea retta. Si consideri che i satelliti geostazionari (quelli delle telecomunicazioni) se ne stanno in orbita attorno alla Terra, per effetto del proprio peso, a un'altezza non di 100, ma i 36 000 km... Sì, abbiamo tutti visto infinite volte gli astronauti galleggiare nelle loro astronavi «in assenza di peso» (come dicono i giornali e i telegiornali, e a volte perfino i testi scolastici). Ma eravamo fermamente convinti che ciò dipendesse non da una *effettiva* assenza di peso, ma dal fatto che l'astronave era abbandonata alle forze gravitazionali.

Che succede infatti, se ci pesiamo internamente a un ascensore? Se l'ascensore è fermo, niente di particolare: la bilancia segna esattamente lo stesso peso (supponiamo, 72 kg) che avrebbe segnato nel bagno di casa nostra. E se l'ascensore è in moto? Dipende. Se sta salendo o scendendo con velocità costante, la bilancia segna ancora 72 kg. Se però l'ascensore sta prendendo velocità mentre sale, oppure perdendo velocità mentre scende, la bilancia segna un peso maggiore. Quando invece l'ascensore perde velocità mentre sale, oppure prende velocità mentre scende, la bilancia segna un peso minore: conformemente al fatto che, in caso di brusca variazione della velocità dell'ascensore, noi stessi abbiamo la netta sensazione di gravare di più o di meno sul pavimento. Ad esempio, se l'accelerazione dell'ascensore fosse $g/12$ (9,81/12 m/s²) verso l'alto, la bilancia segnerebbe 78 kg. Se l'accelerazione fosse $g/12$ verso il basso, la bilancia segnerebbe 66 kg. Se l'accelerazione verso il basso fosse $g/2$, la bilancia segnerebbe 36 kg. Se l'accelerazione fosse $(3/4)g$, la bilancia segnerebbe 18 kg. E se l'accelerazione dell'ascensore fosse g (cosa facilmente ottenibile, basta tagliare la fune di sollevamento), cosa segnerebbe la bilancia? *Segnerebbe zero.*

Come mai? Forse il nostro corpo, date le circostanze eccezionali (ci restano pochi secondi di vita), non pesa più? Ma no, pesa tale e quale. Solo che ci stiamo pesando in un riferimento non inerziale: il riferimento precipita, ecco tutto. E la bilancia non è più in grado di misurare il nostro peso: misura un peso fasullo, un peso solo apparente[5].

E sulle astronavi? Stessa identica cosa: quale che sia la distanza, quale che sia la direzione del moto (potrebbe essere anche un moto radiale di allontanamento), dal momento in cui i motori sono spenti l'accelerazione delle astronavi è l'accelerazione di gravità[6], e all'interno tutto accade come se il peso fosse zero: un pendolo non vuol saperne di oscillare, l'acqua non cade dal bicchiere rovesciato, gli astronauti fluttuano a mezz'aria. Ma non è il caso di farsi delle idee: a 100 km di distanza dalla superficie terrestre, la distanza dal centro della Terra è praticamente invariata, e il peso effettivo delle astronavi, del pendolo, dell'acqua, degli astronauti è diminuito solo di un insignificante 3%. Chi lo dice? Newton. Si chiama *legge universale di gravitazione:* e, dopo tre secoli, funziona ancora perfettamente[7].

---

[5] Per chi ama le formule: $P^* = P - ma = m(g - a)$, dove P^* è il peso apparente, P il peso effettivo, a l'accelerazione dell'ascensore (da considerarsi positiva se, come g, corrisponde a velocità verso il basso in aumento, oppure a velocità verso l'alto in diminuzione). Si noti in particolare che se fosse $a > g$ il peso apparente risulterebbe negativo: vale a dire, la forza gravitazionale sembrerebbe essere diretta verso l'alto.

[6] Sempre che, si capisce, l'astronave sia ormai *fuori* dall'atmosfera terrestre: altrimenti il peso non è l'unica forza ad essa applicata, e conseguentemente la sua accelerazione *non è* l'accelerazione di gravità.

[7] Per la legge di gravità, il peso di un corpo (*all'esterno* della Terra) è inversamente proporzionale al quadrato della sua distanza dal centro della Terra.

53 – FINGI OGGI, FINGI DOMANI

Citazione

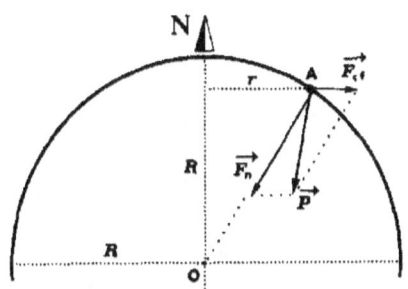

«Un corpo situato, per esempio, sul punto A della superficie terrestre è soggetto all'azione di due forze: 1) la forza newtoniana $\vec{F}_n$ dovuta all'attrazione terrestre; 2) la forza centrifuga $\vec{F}_{cf}$ dovuta alla rotazione terrestre. La loro risultante $\vec{P}$ prende il nome di peso del corpo nel punto A.»
(Testo di fisica per i licei)

Commento

Effettivamente, nel riferimento della Terra tutto (o quasi) va come se le cose stessero come l'Autore dice che stanno, e come la fig. 1 illustra: conseguentemente, la bilancia segna un peso leggermente inferiore alla forza gravitazionale, e il filo a piombo non punta esattamente verso il centro della Terra ma un po' più a Sud (oppure, per chi sta nell'emisfero Sud, un po' più a Nord). In più, però, tenuto conto che il corpo di cui si parla è «situato sul punto A della superficie terrestre», è molto probabile che dalla superficie terrestre arrivi la forza numero tre: una 'reazione' capace di assicurare l'equilibrio del corpo. Il tutto, ripeto, nel riferimento della Terra.

Ma la Terra è un riferimento rotante, e tutti sanno che nei riferimenti rotanti si prendono a volte fischi per fiaschi: un po' come negli ascensori che precipitano. Per esempio, nei riferimenti rotanti si vede una forza che letteralmente non esiste: la forza centrifuga.

In effetti, il corpo K posto in A è assoggettato a due sole forze. Ma non è vero che le due forze sono la forza gravitazionale e la forza centrifuga: le due forze sono invece la forza gravitazionale (o forza «newtoniana», come l'Autore pensa bene di chiamarla), che non è altro che il peso $\vec{P}$, e la reazione $\vec{T}$ del terreno (o del filo, nel caso K fosse appeso a un filo). Del peso sappiamo tutto: ha proprio il valore dato dalla legge di Newton, ed è proprio diretto verso il centro della Terra. E della reazione $\vec{T}$ che cosa possiamo dire? Per lo meno due cose: primo, che è uguale e contraria (legge di azione e reazione) alla forza che K esercita sul terreno (o sul filo); secondo, che, sommata a $\vec{P}$, dà esattamente la forza che occorre perché K si muova di moto circolare uniforme attorno all'asse terrestre. E che forza occorre? Una forza $\vec{F}$ diretta da K verso il centro della circonferenza, di valore $m\omega^2 r$, dove m è la massa di K, ω la velocità angolare di K ($7{,}29 \times 10^{-5}$ rad/s), r il raggio della circonferenza. Da cui, con una semplicissima co-struzione (vedi figura, dove chiaramente le pro-porzioni non sono rispet-tate), si trae che la rea-zione $\vec{T}$ è leggermente più piccola del peso $\vec{P}$: e che nell'emisfero Nord sta su una retta che passa un po' più in basso del centro della Terra.

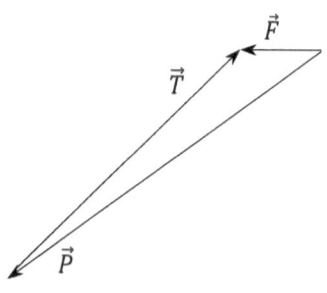

Se poi K sta su una bilancia, la bilancia fa quello che può, come negli ascensori: segna la forza, uguale e contraria a $\vec{T}$, che K esercita su di essa. Perciò non segna il peso effettivo, ma un peso apparente, un po' inferiore al peso effettivo. E la forza cen-trifuga? L'osservatore inerziale non la vede proprio. E quello rotante, se solo considera che non esiste nessun corpo che eser-citi su K una forza siffatta, si rende facilmente conto che è solo un'apparenza. La forza centrifuga può anche essere, per l'osser-vatore rotante, un'utile finzione: nel senso che può a volte aiu-tare a risolvere i problemi di fisica. *Ma è sempre e solo una finzione*: e il grave è che, fingi oggi, fingi domani, qualcuno fi-nisce per dimenticarsene.

54 – LO SCHIACCIAMENTO NON BASTA

Citazione

«Siccome la Terra non è esattamente sferica, ma è schiacciata ai poli, segue che l'accelerazione di gravità al suolo varia con la latitudine, assumendo il valore minimo g = 9,78 m/s^2 all'equatore ove il raggio è massimo, ed il valore massimo g = = 9,832 m/s^2 ai poli ove il raggio è minimo.»
(Testo di fisica per il liceo scientifico)

Commento

Tutto vero, tranne «siccome» e «segue». Vale a dire: lo schiacciamento ai poli *non basta* a spiegare, sulla base della legge gravitazionale di Newton, le variazioni riscontrate nei valori di g. La differenza tra raggio equatoriale e raggio polare è di una ventina di kilometri: su valori di quasi 6 400 km, è molto poco, e non basta per produrre variazioni così vistose.

La spiegazione sta invece prevalentemente nel fatto che la Terra ruota su se stessa. Ai poli, l'accelerazione centripeta è zero. All'equatore, l'accelerazione centripeta è $3,34 \times 10^{-2}$ m/s^2. Se un oggetto K viene pesato ai poli, la bilancia segna il peso effettivo. Ma se K viene pesato all'equatore, la forza che K esercita sulla bilancia *non può* essere uguale al peso di K: altrimenti la forza che la bilancia esercita su K sarebbe a sua volta uguale in valore al peso, e la forza risultante su K sarebbe zero: così, K non potrebbe ruotare. Ma K ruota con accelerazione (centripeta) $a = 3,34 \times 10^{-2}$ m/s^2: perciò, se K ha massa m = 100 kg, la forza risultante su K è

$F = ma = 100 \times 3,34 \times 10^{-2}$ N = 3,34 N (circa 0,34 kg).

Il peso di K supera di circa 0,34 kg la forza della bilancia su K, uguale in valore alla forza di K sulla bilancia: il peso apparente – quello segnato dalla bilancia – è inferiore di circa 340 g al peso reale.

Effettivamente, la forma della Terra rende la forza gravitazionale ai poli un po' più grande che all'equatore. Ma le differenze che riscontriamo quando andiamo a misurare la gravità (con la bilancia, con un pendolo, o con un altro qualsivoglia strumento) sono prevalentemente legate al fatto che stiamo ruotando: all'equatore, il 35% della differenza è dovuta allo schiacciamento, il 65% (quasi il doppio) al moto di rotazione.

Anche se la Terra fosse perfettamente sferica, all'equatore saremmo un po' più leggeri che ai poli. Quanto meno, a dar retta
alla bilancia.

55 – IL CASO È RIMASTO FAMOSO

Citazioni

[A] «A causa della rota-
zione della Terra, tutti i
corpi che si trovano in
prossimità della sua superficie risentono della forza
di Coriolis; tale forza fa de-
viare i corpi verso destra rispetto alla direzione del
loro moto nell'emisfero boreale e verso sinistra in
quello australe.»
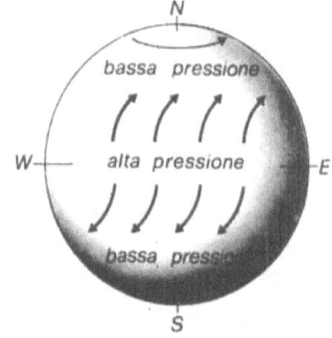
*(Testo di fisica per il liceo
scientifico)*

[B] «È rimasto famoso il caso della battaglia navale delle Fal-
kland (1ª guerra mondiale) fra la flotta inglese e quella tedesca,
in cui i colpi inglesi, per quanto ben diretti, giungevano circa
cento metri a sinistra delle navi nemiche [...]»
(Stesso testo)

[C] «Se la Terra non ruotasse, il moto dei venti al suolo avver-
rebbe lungo i meridiani, diretto dalle zone di alta pressione, poste intorno all'equatore, alle zone di bassa pressione che si trovano verso le zone temperate. Per effetto della forza di Coriolis,
invece, le masse d'aria vengono deviate verso destra nell'emisfero boreale e verso sinistra in quello australe [...]»
(Stesso testo)

Commento

I proiettili sparati dagli inglesi contro le navi tedesche viaggiavano, nell'emisfero Sud (australe), in direzione Nord-Sud: e andavano a finire, con comprensibile soddisfazione dei tedeschi, cento metri «a sinistra» del bersaglio. A sinistra di chi? Degli inglesi che guardavano verso Sud, o dei tedeschi che guardavano verso Nord? Be', pensa lo studente, da come il testo si esprime non dovrebbero esserci dubbi: a sinistra degli inglesi.

E i tedeschi? Che facevano, nel frattempo, i tedeschi? Il libro non ne parla: forse i tedeschi sapevano tutto della forza di Coriolis, e non sbagliavano un colpo. O forse, più semplicemente, avevano finito le munizioni e stavano a guardare. Ad ogni modo, una breve riflessione non può che confermare lo studente nella sua interpretazione: a causa della maggior distanza (R) dall'asse di rotazione della Terra, i cannoni degli inglesi avevano, rispetto alle navi tedesche, una maggior velocità ($v = \omega R$) in direzione W-E. Nulla di strano dunque se i proiettili cadevano a Est delle navi.

Soddisfatti i tedeschi, soddisfatto lo studente, che giustamente a questo punto ritiene di aver capito. Ma la sua gioia non dura molto: il suo ragionamento si infrange ben presto contro l'illustrazione che gli viene propinata a miglior chiarimento del punto C. Dove si vede che se nell'emisfero Nord i venti, in accordo col ragionamento di cui sopra, vengono regolarmente deviati verso Est, nell'emisfero Sud invece, a differenza dei proiettili degli inglesi, vengono deviati verso Ovest. Cosicché «verso sinistra» questa volta significa tutt'altra cosa: verso la sinistra di chi, a Sud dell'equatore, guarda verso Nord, e si prende il vento in faccia.

Grande, a questo punto, è lo sconcerto dello studente: anche perché stringenti ragioni di simmetria sembrano richiedere che ciò che agli alisei succede nell'emisfero Sud sia l'immagine speculare di quanto gli capita nell'emisfero Nord. Chi avrà dunque ragione, i cannoni o gli alisei? I cannoni che sparano a Est, o gli alisei che deviano verso Ovest? E se, al limite, avessero ragione sia gli uni che gli altri? dopo tutto, i cannoni sono cannoni, e gli alisei sono alisei...

Nota. Lo studente probabilmente lo ignora: ma quando studierà geografia generale imparerà che il movimento degli alisei (*al suolo,* come specificato al punto [C]) non avviene, come indica il suo libro, dall'equatore verso le fasce subtropicali, ma nella direzione opposta: dalle fasce subtropicali verso l'equatore (con deviazione verso Ovest). Per la semplice ragione che, contrariamente a quanto la figura indica, *la zona di bassa pressione è proprio quella equatoriale.* Non è una pura questione di Geografia: è una questione di temperature e di moti convettivi, e in definitiva di fisica [8].

56 – LA MELA E L'ESPONENTE

Citazione

«Gli agenti della marea sono la Luna e il Sole [...]. L'attrazione è evidente nelle masse oceaniche [...]. Si è accertato che l'azione attrattiva è direttamente proporzionale alla massa dell'astro e inversamente proporzionale al cubo della distanza, e non al quadrato come nella formula newtoniana.»
(Testo di geografia astronomica per il liceo scientifico)

Commento

Quali fossero le vere intenzioni dell'Autore, che cosa esattamente gli passasse per la testa, nessuno lo saprà mai. Una cosa è certa: quello che lo studente 'impara' è che, sulla base degli studi più recenti, si è assodato che la formula newtoniana per la forza di gravità ($F = Gm'm''/r^2$) deve essere corretta scrivendo a esponente 3 anziché 2.

Neanche a dirlo, è un falso allarme. La forza gravitazionale della Luna (o del Sole) su un corpo K posto sulla superficie della Terra (figura) si può schematizzare in modo abbastan-

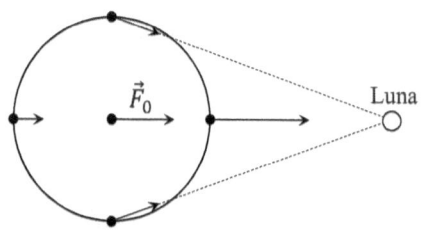

Attrazione gravitazionale della Luna su un dato corpo nei vari punti della Terra

---

[8] Un fenomeno analogo può essere osservato all'interno delle nostre case durante la stagione invernale: se un termosifone (acceso) è posto dietro una tenda, la tenda non cade verticalmente, ma nella sua parte inferiore risulta nettamente spostata verso il termosifone, per effetto di un movimento d'aria in quella direzione.

za soddisfacente come la somma di due termini: un termine $\vec{F}_0$ uguale in valore e direzione in tutti i punti della Terra (è la forza gravitazionale che agirebbe su K se fosse posto nel centro della Terra), e un termine molto più piccolo, diverso in valore e direzione a seconda della posizione di K, inversamente proporzionale al cubo della distanza di K dalla Luna (o dal Sole): questo termine addizionale è la causa delle maree, e viene perciò denominato «forza generatrice» della marea. Il fatto che tale termine sia inversamente proporzionale al cubo della distanza giustifica la circostanza che, pur essendo l'attrazione gravitazionale del Sole sulla Terra circa 180 volte più grande dell'attrazione proveniente dalla Luna, l'effetto della Luna sulle maree è oltre due volte più intenso dell'effetto del Sole. Si noti che, come si deduce subito dalla figura, sulla superficie della Terra la forza generatrice della marea (la forza che, sommata a $\vec{F}_0$, dà la forza attrattiva gravitazionale) è diretta in senso attrattivo, e cioè dalla Terra verso la Luna, *solo nel punto che è più vicino alla Luna:* non è dunque in alcun modo possibile considerare «attrattiva» (come si legge nella citazione) la forza che dipende dal cubo della distanza.

Ma perché siamo così sicuri che, nella legge di gravità, il valore giusto per l'esponente a denominatore sia proprio 2? Per la stessa ragione per la quale nel 1687, ventun anni dopo la caduta della famosa mela, Newton, ormai certo di essere nel giusto, si decise a enunciare ufficialmente la sua legge: perché la proporzionalità inversa tra forza e quadrato della distanza rende perfettamente conto delle leggi di Keplero, le leggi che descrivono il moto dei pianeti. Il calcolo matematico mostra infatti che se la forza gravitazionale è inversamente proporzionale alla potenza 2 della distanza, e solo in tale eventualità, i pianeti descrivono orbite ellittiche, col Sole in uno dei due fuochi (prima legge di Keplero); e solo se l'esponente è 2 i quadrati dei tempi di percorrenza di un'orbita risultano (terza legge di Keplero) proporzionali ai cubi dei semiassi maggiori[9].

---

9 La seconda legge di Keplero (secondo la quale il segmento Sole-pianeta copre aree uguali in tempi uguali) è invece una conseguenza del fatto che la forza gravitazionale è diretta secondo la congiungente Sole-pianeta.

Tentare oggi di scardinare la legge di Newton ponendo un 3 al posto del 2, mentre centinaia di satelliti ci girano attorno ubbidendo scrupolosamente alla legge dell'inverso del quadrato, più ancora che immaginazione richiede coraggio. Anche perché, ove la nuova legge dovesse entrare in vigore, le attuali velocità dei pianeti risulterebbero largamente superiori ai valori di fuga dal campo gravitazionale del Sole: e tutti, da Mercurio al lontanissimo Plutone, dalla nostra piccola Terra al gigante Giove, verrebbero scagliati per sempre nel buio gelido degli abissi cosmici[10].

57 – PRIMA ARRIVA IL CARRELLO

Citazioni

[A] «Attrito radente e attrito volvente. Sono i due tipi di attrito che nascono nello scivolamento di una superficie solida su un'altra (attrito radente) e nel rotolamento di una superficie solida su un'altra (attrito volvente): per esempio, il rotolamento di una boccia o di una ruota incontra attrito volvente, mentre lo scivolamento di un blocco di legno su un piano incontra attrito radente.» *(Testo di fisica per i licei scientifici)*

[B] «L'attrito è una forza che si oppone al moto di un corpo e si esercita quando il corpo striscia (attrito radente) o quando rotola (attrito volvente) su un altro corpo.»
(Testo americano adattato per le scuole italiane)

---

[10] Recentemente, a proposito di certe misure di gravità effettuate all'interno della Terra, e dei relativi «strani» risultati, si è parlato di una possibile, piccola correzione della legge di Newton per brevi distanze. Gli scienziati sono però prevalentemente orientati a ipotizzare non che la legge di Newton debba essere modificata, ma che all'interazione gravitazionale si debba sommare, alle brevi distanze, un'altra interazione fondamentale, notevolmente più debole di quella gravitazionale, finora del tutto ignota. Una piccola correzione della legge di Newton può rendersi invece effettivamente necessaria per tener conto di effetti relativistici quali la precessione del perielio del pianeta Mercurio (un grado ogni ottocento anni). Tali effetti diventano più importanti al crescere della velocità: perciò, nel caso dei pianeti del Sole, sono più evidenti per Mercurio, che è il pianeta più vicino al Sole e quindi più veloce. Nel caso limite di oggetti in quiete, nessuna correzione deve essere apportata alla legge di Newton.

[C] «Una situazione analoga è quella in cui una sfera e un carrello di massa uguale scendono lungo un piano inclinato senza attrito. I due corpi, inizialmente fermi alla sommità del 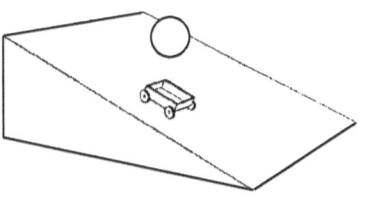 piano inclinato, partono contemporaneamente [...]. Ma il carrello scende più velocemente della sfera. Il perché risulta chiaro se si considera che le piccole ruote del carrello acquistano molto meno energia cinetica di rotazione della sfera. Quindi, l'energia potenziale gravitazionale perduta si trasforma principalmente in energia cinetica di traslazione nel caso del carrello, mentre una buona parte di essa si trasforma in energia cinetica di rotazione nel caso della sfera.» *(Stesso testo della* [B]*)*

[D] «Naturalmente, se il piano inclinato non è privo di attrito, una parte dell'energia potenziale gravitazionale va spesa in lavoro contro le forze di attrito.» *(Stesso testo della* [B]*)*

Commento

Sarebbe interessante sapere se i tanti errori contenuti nelle frasi del testo americano «adattato per le scuole italiane» siano il risultato dell'adattamento, o provengano invece direttamente da oltre oceano. Non voglio credere alla prima ipotesi, sarebbe troppo offensiva per la nostra scuola. Credo alla seconda, e faccio osservare all'editore che per fare incetta di strafalcioni non occorreva andare così lontano.

Vengo direttamente alla [C], che riprende e porta per così dire a perfezione quanto la [A] e la [B] preannunciano: in caso di rotolamento, niente attrito radente. Mi piacerebbe chiedere all'Autore come giustifica allora il fatto che la sfera o le ruote del carrello si mettano a rotolare lungo il piano inclinato: chi è stato? L'attrito volvente, che *contrasta* il moto di rotolamento e quindi non lo può produrre? Il peso, che ha momento zero rispetto ad ogni asse passante dal baricentro?[1] La verità è che

---

[1] Promemoria: l'equazione «momento delle forze uguale a momento d'inerzia moltiplicato accelerazione angolare» vale solo se riferita ad assi di rotazione fissi o mobili con direzione costante, oppure se riferita – sotto le stesse condizioni – a un asse passante dal CM e parallelo

ci può essere rotolamento solo se c'è una forza di attrito radente – diretta lungo il piano verso l'alto – che contrasta lo scivolamento della sfera. E ci può essere 'puro rotolamento' (rotolamento senza strisciamento, cioè velocità zero del punto della sfera a contatto del piano) solo se di attrito radente ce n'è abbastanza.

Si noti poi che nel caso di puro rotolamento (quello che, in mancanza di avviso contrario, dobbiamo supporre sia il moto della sfera e delle rotelline) *non c'è alcun lavoro* da parte della forza d'attrito: c'è la forza, ma non c'è lo spostamento del punto su cui la forza agisce. Perciò, contrariamente a quanto nella [D] viene dato per ovvio, se fosse solo per l'attrito radente nessuna parte dell'energia potenziale gravitazionale andrebbe «spesa in lavoro contro le forze di attrito».

Ma veniamo alla parte difficile del discorso: il carrello arriva prima, dice l'Autore, e ci assicura che «il perché risulta chiaro». Ecco la spiegazione: «le piccole ruote del carrello acquistano molto meno energia cinetica di rotazione della sfera». Come mai ne acquistino di meno, e come mai a una minor energia cinetica di rotazione debba automaticamente corrispondere una maggiore velocità di traslazione non sembra in verità così lampante: in ogni caso, il lettore si sentirà legittimato a credere che tutto dipende dalla piccolezza delle ruote, per cui, se solo la sfera del disegno non fosse stata così grossa, sarebbe magari stata lei ad acquisire un'energia cinetica di rotazione minore e ad arrivare prima.

Come stanno, in realtà, le cose? È vero che una sfera pesante acquisisce, a parità di spostamento verso il basso, un'energia cinetica di rotazione (oltre che di traslazione) più grande rispetto a una sfera leggera: ma ciò non impedisce che le sfere (omogenee) che partono assieme, pesanti o leggere o grandi o piccole che siano, arrivino *tutte assieme* – se partono assieme – al traguardo. Analogamente arrivano tutti assieme, con un leggero ritardo rispetto alle sfere, i cilindri omogenei che partono dalla stessa posizione nello stesso istante. *Il raggio non conta,*

---

all'asse di rotazione. Applicarla, nel nostro caso, alla retta orizzontale passante per il punto di contatto tra sfera e piano e parallela al piano, significherebbe assumere arbitrariamente che tale retta sia asse di istantanea rotazione, e cioè che il moto della sfera sia un moto di puro rotolamento.

la massa non conta: conta solo il fatto che si tratti di sfere omogenee piuttosto che cilindri omogenei, o sfere vuote piuttosto che cilindri vuoti o qualsiasi altra cosa in grado di rotolare.

Per l'accelerazione di una sfera omogenea in moto di puro rotolamento lungo un piano inclinato si trova infatti facilmente[2]

[1] $a = (5/7)\,g\,\text{sen}\,\varphi = 0,714\,g\,\text{sen}\,\varphi$

dove φ è l'angolo tra piano inclinato e piano orizzontale. Per un cilindro omogeneo il risultato è invece[3]

[2] $a = (2/3)\,g\,\text{sen}\,\varphi = 0,667\,g\,\text{sen}\,\varphi$

un valore leggermente più piccolo (e quindi un tempo di percorrenza dell'intero percorso un po' più grande[4].

E per il carrello? Per il carrello la faccenda è un po' più complicata, l'accelerazione dipende dal rapporto tra la massa di ciò che rotola (le ruote, che schematizziamo come cilindri omogenei) e la massa di ciò che trasla (tutto il resto del carrello). Detta infatti m la massa di una ruota e M la massa del carrello privo

---

[2] L'energia cinetica di una sfera omogenea di massa M e raggio R, in modo di puro rotolamento con velocità di traslazione v e quindi velocità di rotazione $\omega = v R$, è $EC = (1/2)Mv^2 + (1/2)[(2/5)MR^2]\omega^2 = 0,7\,Mv^2$ [dove $(2/5)MR^2$ è il momento d'inerzia della sfera rispetto a un asse baricentrale]. Dopo che ha percorso un tratto di lunghezza L l'energia cinetica della sfera (inizialmente ferma) è anche data da $MgL\,\text{sen}\,\varphi$ (lavoro della forza peso, l'unica, tra le forze applicate alla sfera, che compie lavoro). Uguagliando le due espressioni di EC si ottiene $v^2 = (10/7)\,(g\,\text{sen}\,\varphi)L$. Dato che nel moto uniformemente vario (velocità funzione lineare del tempo, accelerazione scalare costante) la relazione tra velocità, accelerazione e distanza L percorsa con partenza da fermo è $v^2 = 2aL$, si deduce per confronto che il moto di traslazione della sfera è uniformemente vario con accelerazione $(5/7)\,g\,\text{sen}\,\varphi$.

[3] Come alla nota precedente, tenuto conto che il momento d'inerzia del cilindro rispetto al suo asse ha valore $MR^2/2$ e quindi l'energia cinetica è $(3/4)Mv^2$.

[4] Nel moto uniformemente vario con velocità iniziale zero, la relazione tra distanza percorsa (L) e tempo impiegato (T) è $L = (a/2)T^2$. Il tempo di percorrenza è proporzionale alla radice quadrata della distanza percorsa.

di ruote, si trova[5] che l'accelerazione del carrello è

[3] $a = \dfrac{M + 4m}{M + 6m}\, g\, \mathrm{sen}\, \varphi.$

Se dunque la massa che rotola (4m) fosse trascurabile rispetto alla massa che trasla, l'accelerazione sarebbe $g\,\mathrm{sen}\,\varphi$, come quella di un blocco che scivola in assenza di attrito: l'accelerazione del carrello sarebbe in tal caso di ben il 40 % superiore a quella di una sfera omogenea. Man mano però che il rapporto tra massa che rotola e massa che trasla diventa più grande, l'accelerazione del carrello diminuisce: per $m = M$ (massa di una ruota uguale a massa che trasla) l'accelerazione del carrello sarebbe $(5/7)\,g\,\mathrm{sen}\,\varphi$, identica a quella di una sfera omogenea; per $m > M$ l'accelerazione del carrello sarebbe addirittura inferiore a quella della sfera, e tenderebbe a $(2/3)\,g\,\mathrm{sen}\,\varphi$ (l'accelerazione di un cilindro omogeneo) quando la massa M diventasse trascurabile rispetto alla massa m.

La figura proposta dall'Autore americano mostra che il carrello si avvia alla vittoria, e siccome le figure hanno una grande efficacia didattica è probabile che l'idea del carrello che arriva primo si imprima indelebilmente nella mente dello studente. Ma la vittoria dei carrelli non è sempre così sicura: nella gara contro una sfera omogenea, un carrello costituito da quattro rotelle d'acciaio tenute assieme da un leggero telaietto d'alluminio verrebbe inesorabilmente battuto.

Si potrebbe ancora osservare che la proposizione [B] («L'attrito è una forza che si oppone al moto di un corpo») rischia di essere, nei riguardi dell'attrito, un po' semplicistica e ingenerosa, tenuto conto che è solo grazie all'attrito che ci possiamo spostare da un punto all'altro, vuoi a piedi, vuoi in automobile o in bicicletta o in qualsiasi altro modo: ma se ne è già parlato[6]. Vorrei solo porre all'Autore americano una domanda: per quale ragione al mondo, all'inizio della [C], si è premurato di specificare che il carrello e la sfera hanno la stessa massa? *Il carrello arriva primo solo se la massa è uguale?*

---

[5] L'accelerazione del carrello si calcola come alle note 2 e 3, tenuto conto che, detta M la massa che trasla e m la massa di una ruota, il lavoro della forza peso è $(M + 4m)\,g\,L\,\mathrm{sen}\,\varphi$, e che l'energia cinetica del carrello è $(1/2)\,M v^2 + 4\,(3/4)\,m v^2$.

[6] Al capitolo 50.

58 – TRIPLA INDETERMINAZIONE

Citazione

«100 g di ferro introdotti in un pozzetto fatto in un blocco di ghiaccio fanno fondere 20 g di ghiaccio. Calcolare la temperatura iniziale del ferro assumendo come suo calore specifico 0,118 cal/(g·°C).»
(Testo di fisica per il liceo scientifico)

Commento

Quello dei problemi mal posti è, nei manuali di fisica, un vizio tra i più diffusi (ambito universitario non escluso). In questo caso ad esempio siamo costretti a supporre, in mancanza di più precise notizie, che la pressione non sia troppo lontana dai valori abituali di circa 1 atm: cosicché per la temperatura di fusione del ghiaccio si possa senz'altro assumere il valore di 0°C.

Ma tale supposizione non basta, il problema resta ancora due volte indeterminato: si parla genericamente di «blocco di ghiaccio», ma non ne viene indicata né la massa, né la temperatura iniziale (sicuramente inferiore a 0°C se il ghiaccio è stato estratto da un freezer, o se siamo al Polo Nord). La temperatura finale dell'intero sistema dovrebbe essere 0°C, visto che, come sembra di capire, una parte del ghiaccio non ha potuto fondere: evidentemente, dal ferro non è arrivato altro calore, essendosi il ferro ormai portato alla stessa temperatura del ghiaccio. Quel che è certo è che il calore che si è spostato dal ferro al ghiaccio è più grande del calore necessario a portare l'intero blocco alla temperatura di fusione: perciò, non troppo ghiaccio e non particolarmente freddo. Ma detto questo, siamo al buio.

La soluzione del problema è infatti data dal seguente bilancio: calore fornito dal ferro (che si raffredda da X°C a 0°C) = calore necessario a riscaldare Y g di ghiaccio (calore specifico = 0,5 cal·g^{-1}·°C^{-1}) da $-Z$°C fino a 0°C + calore necessario per fondere 20 g di ghiaccio (80 cal·g^{-1}). Dobbiamo perciò scrivere:

$$(0{,}118 \text{ cal}\cdot\text{g}^{-1}\cdot°\text{C}^{-1})(100\text{ g})(X°\text{C}) =$$
$$= (0{,}5 \text{ cal}\cdot\text{g}^{-1}\cdot°\text{C}^{-1})(Y\text{ g})(Z°\text{C}) + (80\text{ cal}\cdot\text{g}^{-1})(20\text{ g}).$$

Ed è tutto, più di così non possiamo fare. Se dobbiamo determinare X, qualcuno ci dovrà prima fornire un valore per Y e Z.

59 – NIENTE CALORE PER L'EVAPORAZIONE

Citazioni

[A] «Come per la fusione, il passaggio dallo stato liquido allo stato aeriforme richiede una certa quantità di calore, quindi anche per questa transizione [come per la fusione] si può definire, in modo concettualmente analogo, un calore latente di vaporizzazione.»
(Testo di fisica per il liceo scientifico)

[B] «In particolari condizioni, il passaggio dalla fase liquida a quella aeriforme può anche avvenire senza alcun apporto energetico esterno; in tal caso il processo si svolge a spese dell'energia interna con una macroscopica diminuzione della temperatura.»
(Stesso testo della [A])

[C] «Le sperimentazioni qualitative mostrano le seguenti regolarità: *a*) man mano che viene fornita energia termica, la temperatura del sistema sale progressivamente; *b*) si notano però *due soste termiche,* ossia si nota che per due volte la temperatura si mantiene costante, pur continuando la fornitura di energia; *c*) ogni sosta termica coincide con *l'inizio del cambiamento di stato* e precisamente: la prima con il passaggio dallo stato solido a quello liquido; la seconda con il passaggio dallo stato liquido a quello aereiforme *[sic]* o gassoso.»
(Testo di chimica per i licei classici e scientifici)

[D] «Per una sostanza pura si ha un cambiamento di fase a una data pressione solo a una temperatura ben definita. Per esempio, l'acqua pura a pressione atmosferica cambia da solido a liquido a 0°C e da liquido a gas a 100°C.»
(Testo preuniversitario americano)

Commento

Proposizione [B]: non «in particolari condizioni», ma sempre, assolutamente sempre. L'evaporazione di un liquido non richiede calore: il liquido se la cava benissimo da solo. Versiamo in una bacinella un po' d'acqua bollente, e poniamola sul davanzale della finestra. È chiaro che l'acqua non può ricevere calore dall'ambiente circostante, notevolmente più freddo. Forse allora che l'acqua, non ricevendo calore, non potrà evaporare?

Macché, se solo le diamo tempo evaporerà fino all'ultima goccia. Naturalmente – ma questa è un'altra faccenda – andrà via via raffreddandosi, per effetto sia del contatto con l'ambiente, sia del calore irradiato, sia soprattutto dell'evaporazione stessa: perché sono le molecole più veloci quelle che riescono a 'disaggregarsi' più facilmente e che abbandonano per prime il liquido, cosicché l'energia cinetica media delle molecole non ancora evaporate continua ad abbassarsi.

Perciò, *nessuna analogia con la fusione.* La fusione si può verificare solo se è stata raggiunta la temperatura giusta: la «temperatura di fusione», appunto. Mentre invece, checché ne pensino gli Autori [C] e [D], l'evaporazione di un liquido si compie, fino alla saturazione dello spazio disponibile, a *tutte* le temperature del liquido: *non esiste* una temperatura di evaporazione[1]. Inoltre, sotto pressione costante, la fusione non procede se non si somministra calore: la fusione 'adiabatica' sotto pressione costante non esiste. Il liquido invece evapora tranquillamente – fino alla saturazione dello spazio disponibile – anche se lo si isola termicamente e lo si abbandona al suo destino[2].

E il «calore latente di vaporizzazione», allora? Non è affatto «il calore necessario per l'evaporazione di 1 g di liquido», come tanti Autori sostengono. Ma è il calore *necessario per ottenere da 1 g di liquido* (saturo, cioè sottoposto a una pressione uguale alla sua tensione di vapore) *1 g di vapore saturo alla stessa temperatura:* vale a dire per portare il materiale dallo stato P allo stato Q sull'isoterma rappresentata nella sottostante figura[3].

---

[1] Si noti che nella [D] si parla erroneamente di «pressione atmosferica», cioè di un valore di pressione indefinito e continuamente variabile, anziché di «pressione di 1 atm».

[2] L'analogo della fusione è piuttosto il processo di ebollizione: sia perché, sotto pressione costante, l'ebollizione si verifica a una ben determinata temperatura del liquido, sia perché la temperatura del liquido che bolle sotto pressione costante resta costante nonostante la somministrazione di calore. Per inciso: l'Autore [C] parla di «energia termica» laddove avrebbe dovuto parlare di calore.

[3] Perciò, appare del tutto indeterminato (tanto per cambiare) un problema come quello che l'Autore propone alla fine del capitolo: «Calcolare il calore sottratto al corpo umano per l'evaporazione di 5 g di sudore (calore di evaporazione del sudore a 37 °C = 576 cal/g)». La

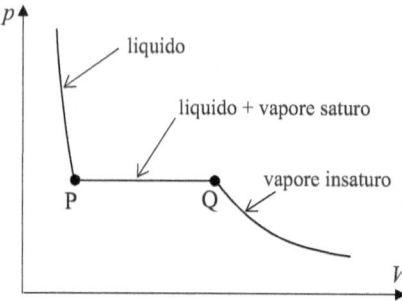

Perché serve calore? Semplicemente perché il passaggio da P a Q implica un aumento del volume, e cioè della distanza media tra molecole: e siccome le molecole si attraggono, allontanandosi l'una dall'altra perdono velocità. Al crescere della temperatura la differenza di volume tra P e Q diminuisce, fino ad annullarsi alla temperatura critica (374°C per l'acqua). Conseguentemente ci aspettiamo che diminuisca in parallelo anche il calore di evaporazione, e che alla temperatura critica si annulli. E l'esperienza ci dà pienamente ragione.

---

risposta che il testo fornisce è 2880 cal, cioè (576 cal · g^{-1}) (5 g). Quasi che al corpo spettasse di fornire il calore necessario a riscaldare fino ai 37 °C originari il vapore formatosi!

60 – ATTENTI AL GRAFICO

Citazione
(Testo di fisica per il liceo scientifico)

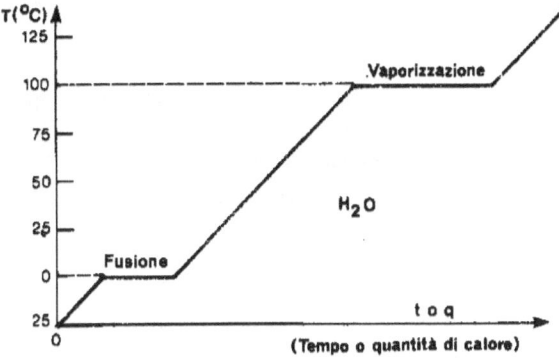

Commento

L'intenzione è ottima: mostrare come varia la temperatura dell'acqua quando le viene somministrato calore, imprimendo nella memoria visiva dello studente che i processi di fusione ed ebollizione sono, sotto pressione costante, isotermi. Ma temo che il grafico rischi di trasmettere qualche idea sbagliata. È vero, spesso nei disegni rispettare le proporzioni è impossibile, si possono dare solo indicazioni qualitative: se, ad esempio, rappresentiamo con un cerchietto il nucleo atomico e con tanti cerchietti più piccoli gli elettroni che gli girano attorno, è pacifico che, nel disegno, le distanze e i diametri non possono essere in scala. Ma, nel caso del grafico qui sopra riportato, rappresentare la vicenda senza stravolgere i dati reali sarebbe stato possibile, facile e istruttivo: il non averlo fatto è una trasandatezza gratuita.

Prima di tutto, sono sbagliate le pendenze. Faccio notare che l'Autore pone in ascisse il tempo oppure, indifferentemente, la quantità di calore: ciò implica che la rapidità dello scambio termico (espressa per esempio in calorie fornite al sistema al secondo) è costante. Sennonché, per scaldare 1 g d'acqua (liquida) serve praticamente il doppio del calore che serve per scaldare 1 g di ghiaccio (all'incirca 1 cal/°C contro 0,5 cal/°C). Per scaldare 1 g di vapor d'acqua (sotto pressione costante) occorrono poco meno di 0,5 cal/°C. Perciò, essendo il flusso di calore costante, per ottenere una stessa variazione di temperatura occorre per il liquido un tempo circa doppio rispetto al solido e al vapore. Conseguentemente, nel grafico, la pendenza (il coefficiente angolare) del primo e del terzo tratto inclinato dovrebbe essere *doppia* rispetto alla pendenza del tratto inclinato intermedio, e non uguale[1].

Secondo: sono sbagliate le lunghezze dei due tratti orizzontali. Il calore di evaporazione dell'acqua a 100 °C è quasi sette volte più grande del calore di fusione del ghiaccio (539 cal/g contro 80). Nel grafico invece la durata del processo di ebollizione (denominato, chissà perché, «vaporizzazione»[2]) risulta di solo due volte superiore alla durata del processo di fusione. Non basta: la durata del processo di ebollizione dovrebbe essere più di cinque volte superiore alla durata del processo di riscaldamento dell'acqua (539 cal/g da fornire contro 100). Nel grafico invece la durata del processo di ebollizione è addirittura *inferiore* all'altra! Gli americani dicono che un grafico vale quanto mille parole: speriamo che non sia vero.

61 – LA VERA STORIA DEL GHIACCIO SECCO

Citazioni

[A] «Esistono invece alcuni solidi che, già a temperatura inferiore a quella di fusione, sono caratterizzati da una tensione di vapore superiore alla pressione atmosferica, perciò per essi si ha il fenomeno dell'evaporazione senza passare attraverso la fusione. Il fenomeno della sublimazione avviene, per una data

---

[1] Bisogna immaginare che il quantitativo d'acqua che evapora durante il processo di riscaldamento fino alla temperatura di ebollizione sia trascurabile, altrimenti il fenomeno si complica parecchio: da un lato, una parte del calore fornito servirebbe non a riscaldare l'acqua, ma a impedire il raffreddamento altrimenti prodotto dall'evaporazione; dall'altro, il quantitativo d'acqua da riscaldare andrebbe via via diminuendo, e il quantitativo da vaporizzare alla temperatura di ebollizione sarebbe significativamente inferiore a quello inizialmente ottenuto dalla fusione del ghiaccio.

[2] Così viene ancora una volta suggerita l'idea che il passaggio di stato da liquido a vapore si verifichi solo con l'ebollizione.

pressione esterna, a una ben determinata temperatura, chiamata temperatura di sublimazione.»
(Testo universitario per ingegneria e fisica)

[B] «Se si vuole mantenere una di tali sostanze allo stato liquido, si deve aumentare la pressione esterna in modo da alzare il punto di sublimazione. Tale procedimento è adottato per conservare allo stato liquido l'anidride carbonica che normalmente, a pressione atmosferica, può ottenersi solo allo stato solido (il cosiddetto ghiaccio secco).»
(Stesso testo)

[C] «Possiamo inoltre spiegare perché l'acqua non sublima a pressione atmosferica: [la curva di sublimazione] si trova infatti a pressione estremamente bassa (minore di 4,58 Torr) perché possa aversi sublimazione.»
(Stesso testo)

Commento

Bisogna riconoscere che all'Autore la buona compagnia non manca: le sue idee in materia di sublimazione sono condivise, con varianti minime, dalla quasi totalità degli Autori a me noti[3]. Decisamente impressionato, dirò di più, praticamente sommerso da tale spiegamento di forze, oserò tuttavia avanzare qualche piccola obiezione.

L'evaporazione di un solido non richiede affatto che la tensione di vapore sia superiore alla pressione atmosferica. Ad esempio, nonostante il valore massimo della tensione di vapore del ghiaccio sia (a 0,01°C) uguale a 4,58 mmHg (o 'Torr'), e sia quindi oltre 150 volte inferiore ai valori della pressione atmosferica, il ghiaccio sotto pressione atmosferica evapora che è un piacere. Del resto, è ben noto che anche con temperature nettamente inferiori allo zero Celsius (temperatura di fusione del ghiaccio sotto pressione di una atmosfera) lo spessore della

---

3 Per trovare conforto alle mie idee sulla sublimazione ho dovuto ricorrere a un vecchissimo trattato, il *Manuale di Fisica* del Dessau, pubblicato nel 1918. Quella che oggi chiamiamo *Fisica moderna* era ovviamente solo ai primi passi, c'era in compenso una conoscenza profonda di tutta una serie di fenomeni (per esempio, dei cambiamenti di stato) di cui ormai si parla – quando se ne parla – in modo molto approssimativo.

neve sui tetti va lentamente diminuendo: *la neve evapora*! Cosicché, contrariamente a quanto si dichiara in [A] e si ribadisce in [B], la temperatura di sublimazione (o «punto di sublimazione») *non esiste*[4].

Il discorso da fare mi sembra piuttosto questo. Al crescere della temperatura, per alcuni solidi la tensione di vapore può raggiungere il valore della pressione atmosferica. Che accade allora? Esattamente quello che accadrebbe, in circostanze analoghe, per un liquido: nonostante la somministrazione di calore, la temperatura del solido[5] non aumenta più. Il solido sta, per così dire, bollendo. Se, a questo punto, la pressione sul solido viene aumentata, la sua temperatura riprende a salire fino a che la tensione di vapore raggiunge nuovamente il valore della pressione-ambiente. Se però si somministra calore dopo aver portato la pressione-ambiente a valori superiori a quello della tensione di vapore al 'punto triplo', il solido si riscalda fino alla temperatura di fusione e finalmente fonde.

Da ultimo: dire (citazione [B]) che, «a pressione atmosferica», l'anidride carbonica «può ottenersi solo allo stato solido», senza alcun riferimento ai valori della temperatura, è un discorso abbastanza strano: certo, per bassissimi valori di temperatura (inferiori al valore del punto triplo della CO_2, $-56,6\,°C$) di liquido non se ne parla, quale che sia la pressione (e allora non serve dire «a pressione atmosferica»). Ma se, a un qualsiasi valore di temperatura compresa tra quello del punto triplo e quello critico ($31\,°C$), introduciamo in un contenitore chiuso, in precedenza svuotato dell'aria, un quantitativo di CO_2 superiore a quello necessario a riempire il recipiente col relativo vapore saturo, la fase non evaporata sarà immancabilmente costituita da liquido. La pressione esercitata sul liquido sarà quella del vapore saturo: 3880 mmHg ($5,1$ atm) alla temperatura del punto triplo, poi rapidamente crescente con la temperatura (73 atm alla temperatura critica). Se volessimo far scendere il valore della pressione fino al valore della pressione atmosferica (cita-

---

[4] Si può invece parlare di *calore* di sublimazione. È la quantità di calore necessaria per ottenere, da 1 g di solido, 1 g di vapore saturo *alla stessa temperatura e sotto la stessa pressione*.

[5] Si può ovviamente parlare di «temperatura del solido» solo se il sistema è tutto alla stessa temperatura, il che richiede che la somministrazione di calore sia molto lenta.

123

zione [B]), occorrerebbe aumentare convenientemente il volume: il liquido allora sparirebbe del tutto, nel recipiente ci sarebbe solo un vapore molto lontano dalla saturazione (qualcosa di simile a un gas perfetto). Se si considera il diagramma di stato pressione-temperatura dell'anidride carbonica, il discorso diventa davvero semplice. Resta un unico mistero: la vera origine degli strani convincimenti, in materia di sublimazione, della stragrande maggioranza degli Autori.

62 – SOLO IN ASSENZA D'ARIA

Citazione

«Questi processi [i cambiamenti di stato di aggregazione] avvengono a ben definite temperature, una volta che sia stata fissata la pressione. Ciò si capisce analizzando i diagrammi di fase del tipo di fig.7 (che si riferisce all'acqua). Nel punto A l'acqua esiste solo allo stato solido come ghiaccio. Tenendo fissa la pressione *p*, e aggiungendo calore il sistema si porta nel punto B ove incomincia gradualmente a fondere [...]. Continuando a fornire calore (alla fissata pressione *p*,) il liquido si porta a temperatura via via più elevata raggiungendo il punto D. Qui inizia un nuovo cambiamento di fase: la temperatura rimane costante

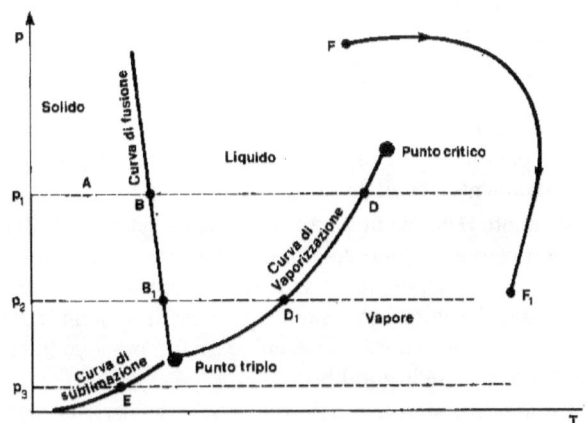

Fig. 7

124

fino a che tutto il liquido evapora [...]. Nel punto triplo il sistema può esistere sia in fase liquida che solida e gassosa.»
(Testo di fisica per il liceo scientifico)

Commento

Il discorso andrebbe anche bene, se solo l'Autore si ricordasse di precisare – almeno di sfuggita, almeno in nota – che l'acqua di cui parla è contenuta in un recipiente (pensiamo a un cilindro verticale chiuso da un pistone mobile) *dal quale era stata previamente e completamente espulsa l'aria:* il che corrisponde a una situazione abbastanza teorica, e comunque del tutto anomala. La situazione che normalmente accade di sperimentare (quella a cui lo studente, se non preavvertito, fa senz'altro riferimento) implica la presenza d'aria: e qui, a scanso di gravi malintesi, il discorso richiede alcune essenziali precisazioni.

È ben vero che nel punto A (cioè sotto la pressione p_1 e alla temperatura T_A) l'acqua, *in assenza d'aria* (e quindi a diretto contatto col pistone mobile), «esiste solo allo stato solido come ghiaccio». Ma attenzione: in presenza d'aria, il ghiaccio è in equilibrio col proprio vapore saturo (cosicché non è affatto vero che il vapore fa la sua comparsa solo in corrispondenza del punto D). Lo stato del ghiaccio è rappresentato dal punto A, lo stato del vapore è invece rappresentato dal punto di intersezione della curva di sublimazione con la verticale per A. Il vapore quindi si trova alla stessa temperatura del ghiaccio ma sotto una pressione inferiore, uguale alla pressione esercitata dal vapore stesso, cioè alla sua «tensione di vapore» (data, per i diversi valori della temperatura, dalla cosiddetta curva di sublimazione). La pressione parziale dell'aria contenuta nel recipiente più la pressione parziale del vapore danno la pressione p_1 complessivamente esercitata sul ghiaccio.

Nel punto B possiamo avere, a seconda della quantità di calore somministrato, o tutto solido, o solido più liquido, o tutto liquido: e insieme, in presenza d'aria, vapore alla corrispondente pressione di saturazione. Siamo, per così dire, in un 'punto triplo', cioè in una situazione in cui le tre fasi possono tranquillamente convivere in equilibrio.

Perciò, l'idea suggerita dall'ultima frase del periodo citato, che le tre fasi possano coesistere in equilibrio per un unico valore della pressione (nel caso dell'acqua, 4,58 mmHg) e per un unico valore della temperatura (nel caso dell'acqua, 0,01 °C) è del tutto falsa se non è corredata (e, incredibilmente, non lo è praticamente mai) dalla precisazione «in assenza d'aria»[1]. In presenza d'aria, le tre fasi di una determinata sostanza possono coesistere in equilibrio *per infiniti diversi valori di pressione e di temperatura*[2].

Nota. Si è soliti denominare «curva di sublimazione» la curva che fornisce la tensione di vapore per temperature inferiori a quella del punto triplo, «curva di vaporizzazione» quella che fornisce la tensione di vapore per temperature superiori a quella del punto triplo: proprio come nel grafico riportato assieme alla citazione. Ciò suggerisce, anzi, impone allo studente l'idea che, a temperature inferiori a quella del punto triplo, la fase in equilibrio col vapore saturo debba necessariamente essere quella solida, e che a temperature superiori la fase in equilibrio col vapore debba necessariamente essere quella liquida. Il che, ancora una volta, è vero solo in assenza d'aria. La figura a lato si riferisce a una sostanza che, a differenza dell'acqua ma a somiglianza della stragrande maggioranza delle altre sostanze, fonde con aumento di volume. Un punto come S può rappresentare lo stato fisico di un solido che, in

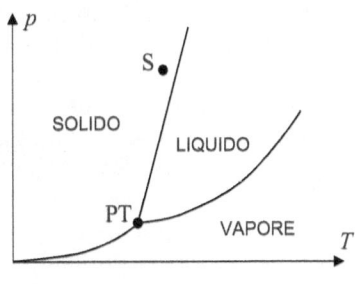

presenza d'aria, è in equilibrio col proprio vapore: essendo la temperatura del solido superiore a quella del punto triplo (PT), la pressione parziale del vapore è data dalla curva di vaporizzazione, *non* dalla curva di sublimazione.

---

[1] Le «celle a punto triplo», che forniscono la temperatura-campione di 0,01 °C, contengono in effetti acqua in completa assenza d'aria.
[2] Le coppie di valori possibili (per temperatura e pressione) sono quelle che corrispondono alle coordinate dei punti della curva di fusione.

63 – GIUSTIZIA PER I GPA

Citazione

«La $\Delta U = n C_V \Delta T$ è l'espressione generalmente usata per il calcolo pratico della variazione d'energia interna di un gas perfetto. Conviene anche osservare che essa, secondo il modello cinetico, si riduce all'energia cinetica di traslazione delle molecole.»

(Testo di fisica per il liceo scientifico)

Commento

L'ultima edizione del testo è recente, recentissima: ma l'errore (insieme a tanti altri) è rimasto tale e quale. Si vede che nessuno ha trovato da ridire. Quale errore? Quello di identificare l'energia interna di un gas perfetto con l'energia cinetica «di traslazione» delle molecole[1].

Che, per un gas perfetto, l'energia interna sia puramente cinetica, discende dalla doppia considerazione che: primo, per definizione, le molecole di ciò che chiamiamo 'gas perfetto' sono indipendenti l'una dalle altre (a parte naturalmente gli urti), e dunque non è utilmente definibile una energia potenziale associata ad interazioni molecolari; secondo, la termodinamica non considera ordinariamente energie a livello submolecolare, dove la considerazione dell'energia potenziale diventa essenziale.

Ciò che non si capisce, è la ragione per la quale l'energia cinetica interna dovrebbe ridursi all'energia cinetica di traslazione. Per un gas monoatomico (elio, argon...) va senz'altro bene: ma per i gas pluriatomici (GPA) no. Secondo il modello classico (molecola a struttura rigida), una molecola biatomica (ossigeno, idrogeno...) ha, come una molecola monoatomica, tre 'gradi di libertà' (tre possibilità indipendenti di accumulazione di energia cinetica) rispetto alla traslazione: ma ha anche due gradi di libertà rispetto alla rotazione (può infatti possedere energia cinetica per il fatto di ruotare in modo indipendente

---

[1] Naturalmente, l'energia cinetica di cui qui si parla non è *tutta* l'energia cinetica delle molecole, ma solo quella interna: quella cioè che verrebbe misurata da un osservatore rispetto al quale la massa gassosa appare macroscopicamente in quiete. Per tale osservatore il moto delle molecole non ha alcun carattere di moto collettivo, ma è puramente individuale e del tutto disordinato.

attorno a due assi, ortogonali tra loro e ortogonali al segmento che connette i due atomi). In tutto, cinque gradi di libertà. Se poi la molecola ha tre o più atomi non allineati (acqua, ammoniaca...), le possibilità indipendenti di rotazione sono tre, attorno a tre assi reciprocamente ortogonali: in tutto, sei gradi di libertà. Senza parlare dei gradi di libertà vibrazionali, e cioè dell'oscillazione della distanza tra atomi (come se, nella molecola, gli atomi fossero collegati l'uno all'altro da molle)[2].

Aggiungiamo che l'energia cinetica di una molecola si ripartisce equamente (principio di equipartizione dell'energia) tra i suoi diversi gradi di libertà: ad ogni grado di libertà corrisponde l'energia cinetica $\frac{1}{2}kT$ [3]. Il calcolo allora è presto fatto: nella migliore delle ipotesi (basse temperature), non riconoscere alle molecole di un gas perfetto pluriatomico l'energia cinetica rotazionale significa scippare al gas il 40% della sua energia interna nel caso di molecole biatomiche, il 50% nel caso di molecole a tre o più atomi. Propongo ufficialmente la restituzione.

64 – LA CAFFETTIERA A CONVEZIONE

Citazione

«Il processo di convezione è sfruttato nella caffettiera domestica: l'acqua che sale nella colonna centrale attraversa uno strato di caffè e si raccoglie nel serbatoio superiore.»
(Testo di fisica per il liceo scientifico)

Commento

Relativamente al fenomeno della convezione, l'errore tipico è un altro: quello di considerare la convezione come un meccanismo di spostamento del calore, al pari della conduzione e dell'irraggiamento[1]. Un discorso del genere poteva reggere

---

[2] Per ragioni di meccanica quantistica i gradi di libertà vibrazionali si attivano solo a temperature molto elevate.

[3] k è la costante di Boltzmann $(1,38 \times 10^{-23}$ J/K), rapporto tra la costante R dei gas [8,31 J/(mol·K)] e il numero N_A di Avogadro (6,02 × × 10^{23} mol^{-1}).

[1] L'Autore di un diffusissimo testo universitario per ingegneria e fisica si distrae e, dimenticandosi dell'irraggiamento, scrive: «Occorre sempre un mezzo materiale per la trasmissione del calore».

ancora qualche decina d'anni fa, quando con la parola 'calore' la maggior parte degli Autori si riferiva all'energia associata al moto disordinato delle molecole: quella che in termodinamica si chiama energia cinetica interna. Ma la convenzione secondo la quale il termine calore indica *l'energia scambiata in funzione della temperatura* è ormai definitivamente accettata, e non è più lecito parlare di «calore contenuto in un corpo»: lo spostamento di un corpo caldo non rappresenta in alcun modo uno spostamento di calore, lo scambio di posizione tra fluido caldo e fluido freddo (convezione) non può essere descritto come uno spostamento di calore[2].

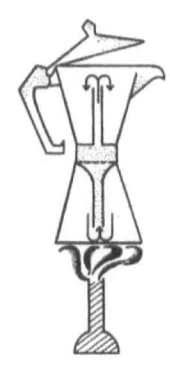

Tuttavia, l'Autore citato non si ferma all'errore tipico: lancia l'idea della caffettiera a convezione, con ciò costringendo il consumatore a una presa di coscienza, e dando nel contempo concreta dimostrazione di come sia sempre possibile «calare la fisica nel quotidiano». Il privilegio della citazione secondo me gli spetta.

---

2 Ancora oggi, un'infinità di Autori non mollano, all'idea che il calore si identifichi con l'energia cinetica interna non possono rinunciare. Ne cito alcuni tra i più prestigiosi.

[A] «Il calore è una forma di energia interna dei corpi» (manuale universitario).

[B] «Tale moto interno è spesso chiamato calore» (manuale universitario americano).

[C] «L'energia cinetica dell'elettrone si converte in energia di moto del reticolo, cioè in calore» (manuale universitario americano).

Il bello è che, arrivati al primo principio della termodinamica, gli stessi Autori sono improvvisamente costretti a cambiare idea: quello che hanno continuato a denominare calore diventa improvvisamente energia cinetica interna, mentre il termine calore viene giustamente dirottato a designare quella parte dell'energia scambiata con l'esterno che non è possibile ricondurre ad esecuzione di lavoro. Succede anche questo: Autori che hanno definito il calore in modo corretto cadono poi in contraddizione usando il termine calore in modo improprio. Ad esempio, è comunissimo leggere che, quando un corpo è rallentato dall'attrito, o quando la corrente elettrica percorre un conduttore, si verifica una «dissipazione di energia in calore».

Naturalmente, non è affatto vero che l'acqua calda sale al piano superiore in conseguenza di un moto di convezione: non c'è acqua fredda che scenda a prendere il posto dell'acqua calda che sale! L'acqua sale solo perché, al di sotto dell'imbuto centrale, alla pressione dell'aria si è aggiunta la pressione del vapor d'acqua, rapidamente crescente con la temperatura: così l'acqua viene spinta verso il basso, e, incomprimibile com'è, è costretta a risalire lungo l'imbuto al piano superiore, aprendosi un varco attraverso il sovrastante strato di caffè.

Niente convezione, dunque, per la «caffettiera domestica». E meno che mai per quella del bar, o per la vecchia 'napoletana'. Ma non è il caso di scandalizzarsi, di criticare. Come si dice? «L'eccesso di rigore può risultare controproducente». O anche: «L'importante è che lo studente capisca».

65 – INDOVINA CHI ABBIAMO IN ORDINATE

Citazione

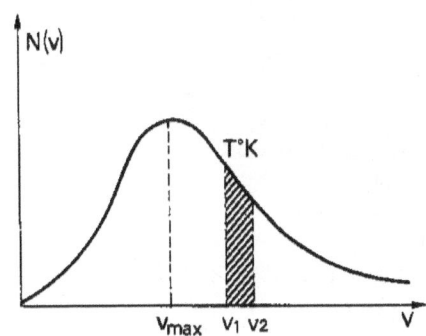

«Distribuzione maxwelliana delle velocità molecolari per una data temperatura. Sull'asse delle ascisse è riportata la velocità e su quello delle ordinate il numero di molecole che posseggono una specifica velocità.»

(Testo di fisica per il liceo scientifico)

130

Commento

Notoriamente, è un discorso di probabilità, e quindi anche di frequenza statistica. Se teniamo presente che il numero complessivo delle molecole prese in considerazione è finito, e che invece è infinito il numero delle possibili velocità, è chiaro che la probabilità che «una specifica velocità» (per esempio la velocità di 381,80942507 m/s) sia, a un dato istante, la velocità di una o più molecole è esattamente zero. Del resto, se ad ognuna delle infinite possibili velocità corrispondesse un valore finito del numero di molecole, il numero totale di molecole risulterebbe infinitamente grande. Perciò, non è affatto vero che in ordinate figura il «numero di molecole che posseggono una specifica velocità».

Qual è allora il significato della variabile in ordinate? È il rapporto (denominato a volte 'densità di presenza') dn/dv, dove dv è un intervallo infinitesimo di valori di velocità e dn è il numero infinitesimo di molecole la cui velocità rientra nell' intervallo dv considerato. La curva è cioè costruita in modo che l'integrale tra v_1 e v_2 di tale funzione (ovvero, l'area sottesa dalla curva entro tale intervallo di valori della velocità) corrisponda al numero di molecole che, a un dato istante, hanno velocità comprese tra v_1 e v_2. Così, l'area totale sotto la curva corrisponde al numero totale di molecole.

Nota. Un errore analogo viene spesso ripetuto anche in altre occasioni: ad esempio, a proposito del problema della distribuzione dell'energia nello spettro di emissione del corpo nero. Grafici come quello riprodotto qui a lato[1] forniscono, in funzione della lunghezza d'onda della radiazione emessa, non, come scrive l'Au-

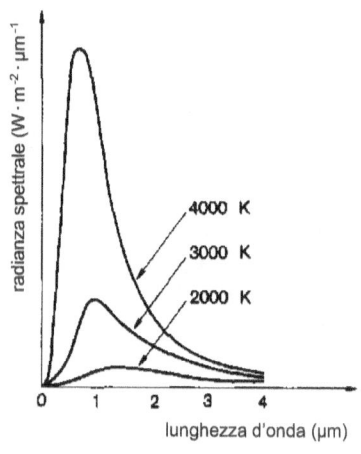

---

[1] Da Halliday Resnick, *Fondamenti di fisica*, CEA, Milano 1984.

tore sopra citato, «l'intensità della radiazione» (W/m²) emessa a una data lunghezza d'onda, ma la cosiddetta 'radianza spettrale' [(W/m²)/(μm]. In tal modo, l'area sottesa da una determinata curva entro un dato intervallo di valori di λ corrisponde all'energia complessivamente emessa dal corpo nero – per unità di tempo e per unità di area – su quelle lunghezze d'onda a quella data temperatura.

66 – L'INVENZIONE DELL'EQUILIBRIO PERPETUO

Citazioni

[A] «[...] l'equilibrio termodinamico implica tre diversi tipi di equilibrio contemporanei: (1) equilibrio meccanico: perché il volume V del fluido non varii, vi deve essere equilibrio tra la forza esercitata dal pistone sul fluido e la forza esercitata dal fluido sul pistone. Come sappiamo dalla Meccanica, se questo equilibrio di forze viene a mancare, il pistone si mette in moto».
(Testo di fisica per il liceo scientifico)

[B] «Un sistema si dice in equilibrio termodinamico quando soddisfa contemporaneamente alle seguenti condizioni:
a) equilibrio meccanico: le forze esercitate dal sistema sull'esterno sono equilibrate da forze uguali ed opposte esercitate dall'esterno sul sistema.»
(Testo universitario per ingegneria e fisica)

[C] «Se la trasformazione non è reversibile, non è detto a priori che la forza esercitata dal pistone sul fluido uguagli quella esercitata dal fluido sul pistone, in quanto ciò avviene solo se la trasformazione attraversa una successione di stati di equilibrio termodinamico.»
(Stesso testo della [B]*)*

Commento

Che cosa rappresenta tutto questo? Da un lato, la negazione del principio di azione e reazione. Dall'altro, lo sconvolgimento della statica del corpo rigido. Nell'insieme, un cataclisma.

A norma del principio di azione e reazione, la forza del pistone sul gas non può che essere identica, in valore, alla forza del gas sul pistone: *equilibrio o non equilibrio*. È vero, in presenza di effetti relativistici il principio di azione e reazione non funziona (cfr. cap. 95): ma nel caso di interazione a contatto, come questa, di effetti relativistici non è il caso di parlare.

Quanto all'equilibrio del pistone, non si vede in che modo possa dipendere dalla forza che il pistone esercita sul gas: in che modo cioè *le forze che agiscono su un corpo A* (il pistone) *possano essere equilibrate da forze che agiscono su un corpo B* (il gas). Quand'anche, a dispetto della legge di azione e reazione, le due forze – quella del pistone sul gas e quella del gas sul pistone – risultassero diverse, il pistone potrebbe nondimeno restare in equilibrio alla condizione (necessaria, non sufficiente) che fosse zero la somma delle forze ad esso applicate: le forze che agiscono *sul pistone* verso l'alto devono essere equilibrate dalle forze che agiscono *sul pistone* verso il basso. Viceversa, se davvero l'equilibrio del pistone dipendesse dall'uguaglianza tra forza del pistone sul gas e forza del gas sul pistone, essendo il valore delle due forze sempre, obbligatoriamente identico, il pistone sarebbe *sempre e comunque in equilibrio*. Talché si potrebbe anche dire che i brani citati rappresentano l'invenzione dell'equilibrio perpetuo.

Considerazione conclusiva. Questo non è un errore qualsiasi, un errore come gli altri novantanove della raccolta: questo è «l'errore» per eccellenza. Un errore come questo, su argomento di così fondamentale importanza, su argomento di così elementare semplicità, su testi di tale prestigio, non è nemmeno più un errore: è un capolavoro.

Nota autobiografica. Nell'estate del 1987 parlavo del progetto di questo libro con un anziano amico, già docente di fisica nei licei: tutto era ancora da fare, anelavo a una parola di incoraggiamento. Ma la reazione non fu quella che mi attendevo: rimase perplesso, sconcertato: non capiva. Errori nei libri di testo? Errori concettuali? Possibile? Mi sembrò allora opportuno fornire all'amico un esempio concreto, lampante: e scelsi proprio l'esempio del pistone in equilibrio, convinto che la diffidenza del vecchio insegnante si sarebbe sciolta come neve al sole. Ma non ottenni granché, non si dimostrò affatto persuaso. Qualche settimana più tardi ricevetti una sua lettera nella quale, dopo avermi bonariamente redarguito in linea generale per il mio progetto, tornava sull'argomento del pistone. Trascrivo senza fare commenti quest'ultima parte: «Vorrei con tutta semplicità dirti che l'esempio che mi hai portato mostra una confusione fra concetto di reazione e resistenza. La prima nasce con la forza, in quanto ogni forza è da concepirsi come una molla tesa o una molla schiacciata, per cui c'è un punto di attacco e uno di azione. Nel tuo esempio il cilindro contenente il gas a una certa pressione, è un sistema in cui la pressione agisce da tutte le parti e possiamo quindi pensare che abbia l'azione della forza di pressione sul cilindro mobile e una reazione sul suo fondo. La resistenza da vincere o da equilibrare è la forza che spinge sul pistone che avrà altrove la sua reazione. Ecco il piccolo schizzo. Spero che questo mio intervento sia interpretato benevolmente. Cordialmente, con auguri.»

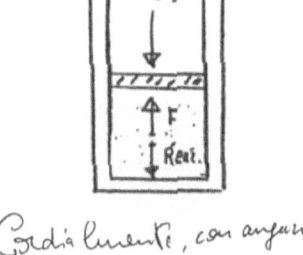

67 – LA CONVENZIONE NON CONVIENE

Citazione

«Si stabilisce convenzionalmente di considerare positivo il lavoro se è il sistema in esame a compierlo sull'esterno, mentre si intenderà negativo il lavoro compiuto dall'esterno sul sistema.»
(Testo universitario per ingegneria e fisica)

Commento

Chi ha un minimo d'esperienza ha già capito: l'Autore si avvia a formulare il primo principio della termodinamica. Gli occorre prima, naturalmente, stabilire alcuni punti fermi circa il lavoro di un sistema termodinamico: ed ecco fare la sua comparsa l'immancabile, preziosissimo cilindro ad asse verticale, chiuso superiormente da un pistone scorrevole. Dentro c'è del gas, il «sistema in esame». E cosa fa il gas, nei riguardi del pistone? Spinge. Per cui, se il pistone si sposta, il gas compie lavoro: è pacifico.

Ma fino a un certo punto. Perché, arrivato infine a formulare il primo principio della termodinamica nella classica forma $q = L + U$ (dove q rappresenta il calore fornito al sistema ed L il lavoro compiuto dal sistema «sull'esterno») l'Autore si premura di avvertire i lettori che «q ed L si intendono positivi o negativi con la convenzione precedentemente introdotta».

Quale convenzione? Per q, la convenzione è di prenderlo col segno più quando effettivamente corrisponde a calore fornito al sistema (il gas), col segno meno quando invece corrisponde a calore che il sistema ha ceduto. E non ci sono problemi.

Il problema è per L, il lavoro compiuto dal gas: che, se c'è una giustizia, dovrebbe risultare positivo o negativo non in base a una qualche particolare convenzione, ma semplicemente in base al fatto che il pistone si sposti verso l'alto (spostamento nella direzione della forza), oppure verso il basso. Ma l'Autore non è d'accordo, preferisce la convenzione: e la convenzione, introdotta una decina di pagine prima relativamente al «lavoro esterno», è quella citata all'inizio: il lavoro dovrà considerarsi positivo o negativo a seconda che sia compiuto dal sistema sull'esterno, oppure dall'esterno sul sistema. Ma... non stavamo parlando della relazione $q = L + \Delta U$, e quindi del lavoro «compiuto dal sistema sull'esterno»? La sensazione è che qualcosa non quadri.

Tanto più che, a ben vedere, il significato dell'infelice convenzione è ancora più ampio. Intanto, il suggerimento implicito è che, a dispetto di tutte le previsioni, le due eventualità si elidono a vicenda: o lavora il gas, o lavora il pistone. E farsi un'idea di come possa lavorare il pistone senza che lavori insieme anche il gas, o viceversa, non è uno scherzo. Per di più, viene stabilito che, se il sistema «compie lavoro sull'esterno», tale lavoro è, per definizione, positivo: indipendentemente, sembra di poter arguire, dal fatto che il pistone si sposti verso l'alto oppure verso il basso. Ma ci dev'essere un malinteso: forse, in caso di abbassamento del pistone, il lavoro del gas, in quanto negativo, non può nemmeno considerarsi «compiuto dal gas»: l'avrà compiuto qualcun altro... Di qui, la regola: se non è positivo, non è lavoro. Perciò, quando il pistone si abbassa, chi lavora è «l'esterno» (il pistone): e conseguentemente, nella relazione $q = L + \Delta U$ il termine L, lavoro compiuto dal sistema, dovrà essere uguagliato a zero!

Mi sembra che il discorso dovesse essere posto invece in questi termini: se vogliamo esprimere il primo principio della termodinamica nella forma $q = L + \Delta U$ (dove ΔU rappresenta l'incremento dell'energia interna), occorre che q indichi il calore somministrato al sistema, e che L indichi il lavoro termodinamico esterno compiuto dal sistema[1]. Ovviamente, sia q che L potranno risultare negativi: q è negativo se corrisponde a calore sottratto al sistema, L è negativo se la superficie su cui il sistema esercita forze si sposta nella direzione opposta alla direzione delle forze. Semplice, no? Davvero la fisica (di base) è quasi sempre molto meno difficile di quanto i libri di testo, e a volte gli insegnanti, non riescano a far credere.

68 – LA REGOLA PRATICA NON FUNZIONA

Citazione

«In generale, quando in una trasformazione termodinamica aumenta il volume, il sistema compie lavoro sui corpi circostanti; se invece il volume diminuisce, il sistema assorbe lavoro dall'esterno.»
(Testo di fisica per il liceo scientifico)

Commento

Per meglio appoggiare le idee, l'Autore fa riferimento, inutile dirlo, al solito gas, confinato nel solito cilindro chiuso dal solito pistone scorrevole. E fa benissimo. Ma quando afferma che, se il volume diminuisce, il sistema «assorbe lavoro dall'esterno», l'Autore intende semplicemente dire che, in caso di diminuzione del volume, il lavoro compiuto dal gas è negativo. Oppure, che il lavoro del pistone è positivo. E tanto valeva dirlo chiaro e tondo. Termini come assorbimento, cessione, somministrazione, trasmissione, sottrazione, scambio e consimili hanno un chiaro significato se riferiti al calore, o più in generale all'energia: ma *non possono essere riferiti al lavoro*. Per il quale, la scelta è veramente ridotta al minimo: il lavoro, o si compie, o si esegue, o si effettua. Al limite, si subisce.

---

[1] *Esterno*, perché compiuto dalle forze che il gas esercita su altri corpi; *termodinamico*, perché è il lavoro che interessa quando si considerano trasformazioni termodinamiche, il lavoro correlato agli scambi termici e alle variazioni dell'energia interna. Un esempio di lavoro *interno* è il lavoro compiuto dalle forze attrattive intermolecolari quando il volume del gas subisce variazioni; un esempio di lavoro esterno *non termodinamico* potrebbe essere il lavoro compiuto da forze di natura gravitazionale esercitate dal sistema considerato (ad esempio, la Terra) su altri corpi.

Tuttavia, anche così chiarita l'affermazione resta quanto meno pericolosa. Cosa ne deduce infatti, immancabilmente, lo studente? La seguente 'regola pratica': se, alla fine di un processo termodinamico, il volume del gas è più grande che all'inizio, il lavoro compiuto dal gas nel corso della trasformazione è positivo; se invece alla fine il volume del gas è più piccolo, il lavoro compiuto dal gas è negativo. Sfortunatamente, tutto ciò è anche 'intuitivo': il che peggiora la situazione. Perché in realtà il discorso funziona con certezza solo nel particolarissimo caso in cui, durante il processo, il pistone si muova *sempre e solo in una stessa direzione*. In caso contrario, tutto è possibile.

Esempio. Si consideri nel piano pV la seguente trasformazione reversibile (figura). Primo, somministrazione di calore sotto pressione costante a partire dallo stato A (pressione p_0, volume V_0) fino a che il volume diventa $3V_0$ (stato B). Secondo, riscal-

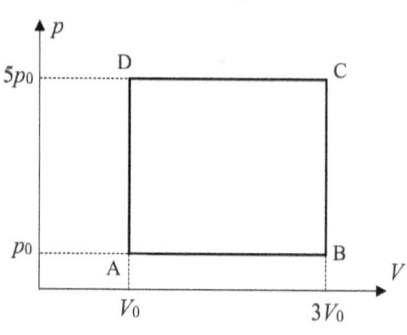

damento a volume costante fino alla pressione $5p_0$ (stato C). Terzo, sottrazione di calore sotto pressione costante, fino a che il volume torna al valore iniziale (stato D). Quarto, sottrazione di calore a volume costante fino a che anche la pressione recupera il valore iniziale (stato A). Quinto e ultimo, somministrazione di calore sotto pressione costante fino a che il gas si riporta allo stato B. Domanda: quanto vale il lavoro compiuto dal gas? Risposta: è il lavoro positivo L' relativo alla doppia espansione isobara da A a B, più il lavoro negativo L'' relativo alla contrazione isobara da C a D. Dunque

$$L = L' + L'' = 2(p_0 2V_0) - 5p_0 2V_0 = 4p_0 F_0 - 10p_0 V_0 =$$
$$= -6p_0V_0.$$ *Nonostante il volume finale sia tre volte più grande di quello iniziale, il lavoro complessivamente compiuto dal gas nel corso della trasformazione è negativo.* E la «regola pra-

tica»? Ha fatto cilecca[1].

69 – QUANTO LAVORA L'ATTRITO

Citazioni

[1] «La forza di attrito radente è data da $\vec{F}_a = -\mu_d N \vec{u}_v$; ricordando che il vettore $\vec{u}_v$ è parallelo e concorde allo spostamento $d\vec{s}$, il lavoro corrispondente si scrive

$$W = \int_A^B \vec{F}_a \cdot d\vec{s} = \int_A^B -\mu_d N \vec{u}_v \cdot d\vec{s} = -\mu_d N \int_A^B ds$$

dove l'integrale $\int_A^B ds$ è la lunghezza del percorso da A a B. »
(*Testo universitario*)

[2] «Il lavoro [della forza di attrito radente] è sempre negativo, cioè è lavoro resistente». (*Stesso testo*)

Commento

L'abitino matematico è impeccabile, come sempre nei manuali universitari: dove anzi succede non di rado che il polverone matematico rubi la scena alla fisica, sostituendosi ad essa nell'attenzione dello studente e finendo per annebbiargli le idee.

Qui per la verità è un po' peggio, se è vero che, prima ancora che nella testa dello studente, le idee strane sembrano trovarsi, bell'e pronte per l'uso, sulla pagina del suo manuale. In effetti,

---

[1] Già che ci siamo: il gas potrebbe compiere lavoro sia positivo che negativo anche a pistone bloccato, cioè *senza variazione alcuna del volume*. Immaginiamo che una piccola ruota a pale – tipo ventilatore – venga messa in funzione all'interno del cilindro. Senza che il suo volume subisca variazioni, il gas compie allora lavoro negativo, esercitando sulle pale forze che si oppongono al loro movimento: e puntualmente, come richiesto dal primo principio della termodinamica, il gas si riscalda. Reciprocamente, la ruota a pale potrebbe essere trascinata in movimento da una corrente di convezione interna al gas, ottenuta somministrando calore al gas: il gas compirebbe quindi lavoro positivo senza variazioni del suo volume. E, a causa del lavoro positivo compiuto, il gas si riscalderebbe un po' meno che in assenza di ruota a pale (o a ruota bloccata).

Si noti anche che un gas potrebbe espandersi senza per questo compiere lavoro esterno: basta che si espanda nel vuoto (come quando una bombola piena di gas viene messa in comunicazione con una bombola vuota).

138

la proposizione [2] sfida l'evidenza: quando, a tavola, vogliamo sollevare una bottiglia (una normale bottiglia cilindrica, priva di sporgenze o rientranze sulle pareti), è solo grazie all'attrito che riusciamo nell'intento, in assenza di attrito la bottiglia ci scivolerebbe tra le dita. E nessuno può negare che, mentre alziamo la bottiglia, la forza che, per attrito, esercitiamo su di essa compie un lavoro positivo: forza verso l'alto, spostamento verso l'alto. Perciò, nella formulina della forza di attrito (citazione [1]), e ovviamente nella successiva formula del lavoro d'attrito, il segno meno andrebbe sostituito con un più cauto e possibilista segno di 'più o meno' (±).

C'è però un altro errore, meno evidente e proprio per questo più pericoloso, nella citazione [1], dove in sostanza si afferma questo: quando un blocco scivola su un piano fisso, la forza che, per attrito, il blocco esercita sul piano non compie lavoro perché lo spostamento del piano è zero; la forza invece che, per attrito, il piano d'appoggio esercita sul blocco compie un lavoro resistente dato, a parte il segno, da forza (modulo) per spostamento (modulo). Sembra tutto a posto, sembra tutto «evidente»: ma le cose non stanno affatto così, la conservazione dell'energia verrebbe violata. Troppo grave, mi sembra, per non doversene preoccupare.

Mettiamoci in una situazione semplice: supponiamo che, come mostra la figura, il blocco sia trascinato lungo un piano orizzontale da una forza di valore esattamente uguale a quello della forza d'attrito (dinamico), cosic-

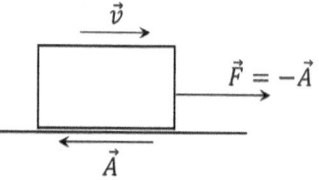

ché la velocità del blocco si mantiene costante. Dato che, per effetto dell'attrito, il blocco si riscalda, sorge la domanda: se il lavoro complessivo delle forze agenti sul blocco è zero (lavoro motore della forza $\vec{F}$ uguale contrario a quello, resistente, della forza $\vec{A}$) *da dove proviene l'energia termica* – l'energia cinetica del moto di agitazione termica – *che compare nel blocco?* E analogamente: se l'attrito agente sul piano di sostegno non compie lavoro, da dove proviene l'energia termica che compare nel piano di sostegno?

Relativamente al blocco, si legge normalmente nei libri di testo che l'energia cinetica prodotta a livello macroscopico dal lavoro di $\vec{F}$ «viene convertita dal lavoro della forza d'attrito in energia termica». Ma il primo principio della termodinamica lo esclude: se il lavoro delle forze esterne è zero, e se non ci sono scambi di calore, l'energia 'propria' di un sistema (l'energia cinetica complessiva delle particelle del sistema più l'energia potenziale associata a tutte le interazioni interne) non può cambiare. Nel nostro caso, trascurando il calore q che in realtà certamente si sposta dal blocco alla tavola (nella zona di contatto il blocco si riscalda più della tavola perché la superficie sottoposta a sfregamento è, nel caso del blocco, sempre la stessa), il primo principio impone che, in relazione a uno spostamento d del blocco, risulti:

[A] $Fd + L_a = \Delta E_t$

dove Fd rappresenta il lavoro compiuto da $\vec{F}$, L_a il lavoro della forza d'attrito, ΔE_t l'energia termica prodotta nel blocco. Potrebbe ad esempio risultare: $Fd = 100$ J, $L_a = -80$ J, $\Delta E_t = 20$ J. *Non è quindi vero* che il lavoro d'attrito è uguale e contrario al lavoro di $\vec{F}$, e *non è vero* che l'energia cinetica prodotta dal lavoro di $\vec{F}$ (100 J) viene tutta convertita in energia termica: una parte (nel nostro esempio 20 J) viene convertita in energia termica, la parte residua (80 J) viene annullata dal lavoro d'attrito.

Se vogliamo tener conto del calore q che il blocco trasmette alla tavola, il bilancio energetico del blocco diventa:

[B] $Fd + L_a - q = \Delta E_t$.

Si presenta in ogni caso il problema: come mai il lavoro della forza d'attrito $\vec{A}$ è inferiore al lavoro di $\vec{F}$, se la forza d'attrito ha per ipotesi lo stesso valore di $\vec{F}$? Evidentemente, questo è uno di quei casi in cui il modello del corpo rigido non funziona: le forze che, per attrito, sono applicate al blocco, agiscono su zone superficiali il cui moto risulta bruscamente ostacolato con effetti di deformazione locale: le forze d'attrito agiscono cioè su punti il cui moto, rallentato rispetto a quello complessivo del blocco, dà in definitiva luogo a spostamenti inferiori[1].

Consideriamo ora il piano d'appoggio, e vediamo dove ci conduce l'idea che il lavoro d'attrito sia zero e che l'effetto di riscaldamento sia dovuto solo a calore proveniente dal blocco. Se così fosse, l'equazione dell'energia per il piano sarebbe

[C] $q = \Delta E'_t$.

Ma proviamo a sommare membro a membro la [C] con la [B]: otteniamo

[D] $Fd + L_a = \Delta E_t + \Delta E'_t$.

Questa relazione viola il primo principio, che con riferimento all'intero sistema impone invece che sia

[E] $Fd = \Delta E_t + \Delta E'_t$.

A primo membro della [E] figura l'energia somministrata dall'esterno al sistema blocco + tavola, a secondo membro l'effetto energetico complessivamente verificatosi (il lavoro d'attrito L_a, effettuato da forze *interne* al sistema, non va conteggiato). Non è quindi corretta la [C], e cioè *non è vero* che l'energia termica sviluppatosi nel piano proviene solo dal calore proveniente dal blocco.

Del resto, il discorso fatto in precedenza per la superficie inferiore del blocco vale evidentemente anche per la superficie superiore del piano: altro è lo spostamento macroscopico del piano (zero), altro è lo spostamento 'di lavoro' della forza d'attrito applicata al piano. Il lavoro di tale forza sarà pertanto *diverso da zero* (e date le circostanze non potrà che essere positivo). Anziché la [C] dobbiamo allora scrivere

[F] $L'_a + q = \Delta E'_t$.

Dato poi che sommando la [F] con la [B] dobbiamo ritrovare la [E], deve necessariamente essere $L_a + L'_a = 0$. *Il lavoro complessivamente compiuto dalle forze d'attrito sulle due superfici a contatto è zero*: il lavoro resistente compiuto sul blocco è identico, a parte il segno, al lavoro motore compiuto sulla ta-

---

[1] Nel caso del tutto teorico di un blocco perfettamente rigido, il lavoro complessivo sul blocco sarebbe zero e l'effetto di riscaldamento non avrebbe luogo.

vola. Il che ci induce a supporre che in corrispondenza dei punti di contatto le due superfici subiscano spostamenti identici, esattamente come se in tali punti le superfici fossero momentaneamente saldate l'una all'altra[2].

70 – L'ENERGIA PREFERISCE IL DISORDINE

Citazione
«Occorre però ricordare che i fenomeni di attrito, presenti in tutti i processi naturali o artificiali, costituiscono una causa di dispersione dell'energia e il risultato è una continua lenta diminuzione dell'energia dell'universo.»
(Testo di fisica per il liceo scientifico)

Commento
Visto? È una persecuzione: ogni occasione è buona (cfr. capitoli 49 e 50) per sparlare dei «fenomeni di attrito». I quali, tanto per cominciare, non sono affatto «presenti in tutti i processi naturali o artificiali». Dov'è l'attrito nel movimento dei pianeti attorno al Sole, o nella caduta di un meteorite sulla Luna? Dov'è l'attrito in una reazione chimica? Dov'è l'attrito nell'emissione, nella propagazione, nell'assorbimento di un'onda elettromagnetica? Dov'è l'attrito in un processo di fissione o fusione nucleare? Dov'è l'attrito in una qualsiasi interazione a livello di singole particelle?

Ma, quand'anche l'attrito fosse davvero onnipresente, perché mai questo fatto dovrebbe produrre una «continua, lenta diminuzione dell'energia dell'universo»? L'energia cinetica perduta per attrito da un mattone che scivola sul pavimento non la ritroviamo forse a livello del moto di agitazione termica delle mole-

---

[2] Il lavoro complessivo delle forze d'attrito tra due superfici solide, oppure tra una superficie solida e una liquida, oppure tra una superficie solida e una gassosa, è *sempre zero*: nel primo caso per l'«incollaggio» che si verifica tra le asperità delle due superfici (con conseguente uguaglianza degli spostamenti dei punti a contatto); negli altri due casi perché lo strato fluido a diretto contatto con la superficie solida aderisce ad essa senza scivolarvi sopra. L'attrito si verifica tra i diversi strati di fluido.

cole? Forse era meglio dire – è la sostanza del secondo principio della termodinamica – che l'energia tende a spostarsi da stati più ordinati (e meno probabili) a stati meno ordinati (e più probabili), cosicché utilizzarla diventa per noi sempre più difficile. Quello che subisce una «lenta diminuzione» è il grado di ordine, o di utilizzabilità, o se vogliamo di informazione[1].

L'energia non diminuisce, né per l'attrito, né per nessuna altra ragione: *si conserva*. Come del resto, solo poche righe più avanti, l'Autore stesso perentoriamente dichiara.

71 – SE L'AUTO SUONA UN CLACSON

Citazione

«Tipico esempio di questo fenomeno *[l'effetto Doppler]* è ciò che accade ad una persona ferma su un marciapiede e davanti alla quale passi un'auto che suona un clacson. Il suono diventa sempre più acuto man mano l'auto si avvicina, mentre diventa sempre più grave man mano l'auto si allontana.»
(Testo di fisica per il liceo scientifico)

Commento

No, non è un equivoco dovuto a un uso personalizzato dei termini. Poche pagine prima l'Autore l'ha detto chiaramente: «un suono ha maggiore o minore altezza, cioè è più acuto o più grave, quanto maggiore o minore è la frequenza». Perciò, è proprio come avevamo capito: secondo l'Autore, il fatto che la sorgente acustica si stia muovendo in avvicinamento implica una frequenza di ascolto via via più grande. Anche se la velocità della sorgente è costante, o se addirittura la velocità della sorgente va diminuendo? Pare proprio di sì: quello che importa è che la sorgente si stia avvicinando. Insomma, la frequenza di ascolto dipende non dalla velocità, ma dalla distanza della sorgente: più piccola è la distanza, più grande è la frequenza.

Personalmente, non ne farei un dramma. L'errore è così madornale da risultare in definitiva innocuo: è praticamente impossibile che il lettore, per quanto inesperto e sprovveduto, non se ne accorga. È chiaro a chiunque che ciò che dipende dalla distanza della sorgente non è l'acutezza – o altezza che dir si

---

[1] Corrispondentemente aumenta il valore dell'entropia.

voglia – del suono, ma la sua intensità: sorgente più vicina, suono più intenso (o più forte); sorgente più lontana, suono meno
intenso (o più debole). L'acutezza dipende non dalla distanza,
ma *dalla velocità della sorgente (e dell'ascoltatore) rispetto al
mezzo di propagazione*[2]. Per cui, se solo nella frase incrimi-
nata poniamo 'forte' al posto di 'acuto' e 'debole' al posto di
'grave', la frase diventa, sì, di una banalità clamorosa, ma almeno funziona: salvo naturalmente per il piccolo dettaglio che
ciò che la frase descrive *non è* ciò che l'Autore intendeva descrivere, e cioè l'effetto Doppler.

L'esperienza descritta dall'Autore (suono via via più acuto in
avvicinamento, suono via via più grave in allontanamento) si
può realizzare solo facendo in modo che la velocità della sorgente continui ad aumentare sia in avvicinamento, sia in allontanamento. Tutto è possibile, naturalmente: ma non mi sembra
che un fatto del genere sia così normale da poterne parlare come
di un «tipico esempio» per l'effetto Doppler.

---

2 Nel caso a cui l'Autore si riferisce (osservatore fermo, macchina in
movimento), la frequenza di ascolto è, per una data frequenza di emissione e per una data velocità v_s di propagazione del suono, biunivoca-
mente legata alla velocità della macchina: se la macchina si avvicina
con velocità v costante, anche la frequenza di ascolto f' (e quindi l'acutezza del suono percepito) è costante, ed è maggiore della frequenza f
di emissione: $f'/f = v_s / (v_s - v)$. Se invece la macchina si allontana
con velocità v, la frequenza f' del suono percepito è minore della frequenza f di emissione: $f'/f = v_s / (v_s + v)$.

72 – DITELO CON UN BASTONE

Citazione
(Testo di fisica per il liceo scientifico)

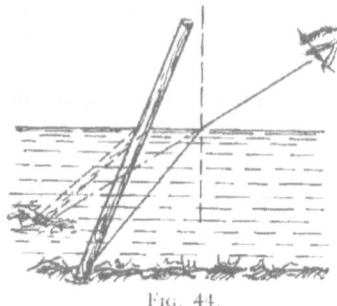

FIG. 44.

Commento

Per qualche misteriosa ragione, questo infelice disegnino gode della considerazione di molti Autori, che con varianti minime se lo tramandano di libro in libro, e non esitano a farne ornamento del capitolo sulla rifrazione della luce. La faccenda viene in genere introdotta, abusivamente, come «esperienza del bastone spezzato»; in realtà, come il disegnino proposto dall'Autore chiaramente indica, il bastone appare non spezzato, ma solo piegato[1].

Non è un cavillo, non è una pura questione di lessico: quella del bastone spezzato è proprio un'altra esperienza. Il bastone appare spezzato non all'occhio che ne osserva la parte immersa attraverso la superficie orizzontale che separa l'acqua dall'aria, ma all'occhio che la osserva attraverso la superficie che separa l'acqua dalla parete verticale del contenitore[2]. Scegliendo opportunamente il punto di osservazione è possibile osservare simultaneamente la parte immersa del bastone attraverso en-

---

[1] L'effetto può essere descritto come un innalzamento apparente di ogni punto immerso nell'acqua. Una moneta posta sul fondo di un recipiente vuoto in posizione tale da non poter essere osservata, può diventare visibile se il recipiente viene riempito d'acqua.

[2] Per cui, niente bastone spezzato se il contenitore non è trasparente. L'effetto può essere descritto come un avanzamento di ogni punto immerso nell'acqua verso la parete attraverso la quale si osserva.

trambe le superfici: e vederne allora (fig.1) una doppia immagine, quella piegata e insieme quella spezzata.

Ma torniamo al disegnino, e al bastone piegato. Qualcuno, anziché a un bastone, preferisce riferirsi a una tavoletta, qualcun altro si arrangia con un dito. Ma la sostanza non cambia: benché tutti si appellino all'esperienza, la figura illustra in realtà una situazione non-fisica, un fatto impossibile. Perché, o l'occhio è là dove la fig. 41 sembra suggerire (nel piano verticale che

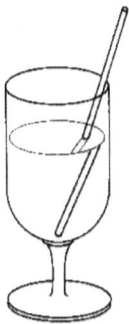

Fig. 1

contiene il bastone), e allora vedrà non un bastone piegato, ma semplicemente, come la simmetria della situazione richiede, un bastone accorciato; oppure l'occhio è fuori da tale piano, e allora la posizione apparente della punta del bastone non è quella che la figura indica: dovendosi obbligatoriamente trovare *sulla verticale condotta per la posizione effettiva.*

Prima dimostrazione (la migliore): provare per credere.

Seconda dimostrazione. Se (fig. 2) immergiamo in acqua la lastra triangolare PQR, la parte immersa del lato verticale PQ ci apparirebbe accorciata ma ancora verticale. Dunque, l'immagine P* di P (estremo inferiore del lato obliquo PR, ovverossia del bastone del disegnino) non può che trovarsi sulla verticale per P.

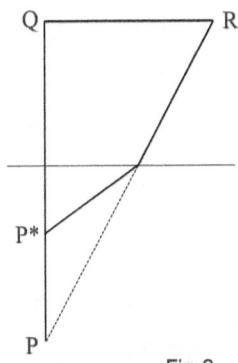

Fig. 2

Terza dimostrazione. Per il fatto che la superficie di separazione acqua-aria è orizzontale, il cammino ottico del raggio che esce dalla punta P del bastone e arriva all'occhio dell'osservatore è necessariamente contenuto in un piano verticale[3]. Perciò per l'occhio, che in tale piano si trova, l'immagine P* non può risultare

---

[3] Il raggio incidente, la normale alla superficie di separazione nel punto di incidenza, il raggio rifratto giacciono tutti in uno stesso piano.

esterna a tale piano.

Quanto all'altra esperienza, quella del bastone spezzato, mi limito a una segnalazione. Tutti utilizzano bastoni o tavolette, ma un Autore – sicuramente uno dei migliori Autori per il liceo – tenta una linea didattica meno rude: lo dice con un fiore. Il salto di qualità è clamoroso, e veramente, per alcune righe, si respira tutta un'altra aria. Poi però, sciaguratamente, con le sue stesse mani, l'Autore rovina tutto. Per prima cosa pone, chissà perché, una condizione: che lo stelo del fiore sia «immerso in acqua in direzione non verticale»: altrimenti, lascia capire, niente fiore spezzato. E invece no: l'effetto è ben visibile anche se lo stelo è verticale[4]. Ma questo sarebbe niente: il lapsus freudiano si annida poche righe più avanti: e per il fiore è la fine. Perché, al momento di dire *la parte immersa del fiore*, l'Autore si distrae, si confonde, e, tra lo stupore generale, dice invece «la parte immersa del bastone». Così, bruscamente, senza motivo apparente, senza che nulla potesse farlo presagire, il fiore sparisce: o meglio, diventa bastone. E da questo momento tutto rientra nella più grigia normalità.

Del resto, siamo sinceri: che ci faceva un fiore in un libro di fisica? E gli va ancora bene, che è diventato bastone: poteva diventare tavoletta.

73 – QUANDO SI DICE ISOLATO (seconda parte)

Citazione

«Fino ad ora in questo testo abbiamo incontrato cinque leggi di conservazione [...] applicabili solo a sistemi isolati (nessuna influenza esterna).»
(Testo preuniversitario americano)

Commento

Si fa presto a dire «isolato». Ma se c'è, in fisica, un termine ambiguo (e Dio sa se ce ne sono), è proprio questo. In effetti, se è vero che le leggi di conservazione si riferiscono tutte a sistemi

---

[4] Occorre solo che il piano verticale che contiene occhio e stelo non sia perpendicolare alla parete del contenitore, in modo tale che l'avanzamento apparente dello stelo verso la parete possa essere rilevato dall'occhio.

isolati, è anche vero che le condizioni a cui un sistema deve soddisfare per avere il diritto di essere considerato isolato *non sono le stesse* per le diverse leggi di conservazione: cosicché la definizione «sistema isolato = nessuna influenza esterna» è troppo generica e troppo drastica.

Le cinque leggi a cui l'Autore si riferisce sono:

1. conservazione della quantità di moto (o 'momento lineare');
2. conservazione del momento della quantità di moto (o 'momento angolare');
3. conservazione dell'energia;
4. conservazione del numero barionico[1]
5. conservazione della carica elettrica.

Rispetto alle prime due leggi un sistema è 'isolato' se su di esso non agiscono forze esterne, forze cioè provenienti da corpi che non fanno parte del sistema. Se, ad esempio, il sistema viene investito da radiazione elettromagnetica, *non può considerarsi isolato,* in quanto è soggetto alla pressione di radiazione (la coda delle comete è spostata dalla parte opposta del Sole soprattutto per effetto della pressione di radiazione). Analogamente, un corpo che emette radiazione elettromagnetica in una data direzione subisce un impulso in direzione opposta (acquistando una quantità di moto uguale e contraria a quella trasportata dalla radiazione).

Rispetto alla conservazione dell'energia tutto questo non è ancora sufficiente, l'isolamento del sistema richiede una condizione ulteriore: il sistema non deve cedere o ricevere calore per conduzione (lo scambio di calore per irraggiamento era già stato escluso).

Rispetto invece alle altre due leggi, un sistema è 'isolato' sotto condizioni decisamente meno restrittive: basta che sia idealmente delimitabile mediante una superficie chiusa attraverso la quale non si verifica passaggio di particelle materiali. Se tale

---

[1] Le particelle costituite da quark si chiamano genericamente *adroni.* Più specificamente: *barioni* sono le particelle costituite da tre quark (es. protone, neutrone, particella Lambda, particella Omega), *antibarioni* sono le particelle costituite da tre antiquark (es. antiprotone e antineutrone), *mesoni* sono le particelle costituite da un quark più un antiquark. Il numero barionico di un sistema di particelle si calcola attribuendo valore +1 ad ogni barione, valore −1 ad ogni antibarione, valore zero a qualsiasi altra particella.

condizione è soddisfatta, non importa se il sistema riceve o emette radiazione elettromagnetica, non importa se «è influenzato» in modo anche violento da forze provenienti dall'esterno: l'energia, la quantità di moto, il momento della quantità di moto potranno non conservarsi, ma il numero delle particelle pesanti (i 'barioni') e la carica elettrica sì. Non si può dimostrare, è solo un 'principio'. Ma, per quanto fino ad oggi ci consta, tutto va come se fosse vero. E finché una violazione non sarà stata chiaramente osservata continueremo a crederci.

74 – ELETTRICITÀ BATTE GRAVITAZIONE

Citazione

«Le interazioni elettrostatiche sono molto più forti di quelle gravitazionali. L'impressione quotidiana che noi abbiamo che le forze gravitazionali siano più grandi di quelle elettriche sta nel fatto che gli oggetti che ci circondano sono normalmente neutri.»
(Testo di fisica per il liceo scientifico)

Commento

Benché rappresenti, come suol dirsi, 'un classico', la proposizione iniziale un suo difetto ce l'ha: è priva di senso. La forza gravitazionale tra due oggetti dipende dalla massa dei due oggetti e dalla loro posizione reciproca. La forza elettrostatica dipende dalla carica dei due oggetti e dalla loro posizione reciproca. Come è dunque possibile istituire, tra l'intensità delle due interazioni, un confronto di carattere generale? Come minimo, occorre specificare: *per una data configurazione del sistema* dei due oggetti (ad esempio, se si ritiene che i due oggetti siano schematizzabili come semplici punti materiali, per una data distanza tra i due punti). Per di più, la carica di un corpo può variare: e come si può escludere a priori che sia così debole da rendere la forza elettrostatica tra due corpi più debole di quella gravitazionale?

Esempio. La Terra è un grosso oggetto carico di segno meno. Un corpo a sua volta carico di segno meno ne viene perciò respinto per effetto elettrostatico. Con tutto ciò, se ci buttiamo dalla finestra dopo esserci accuratamente caricati di segno meno, non possiamo ragionevolmente aspettarci niente di buono:

l'attrazione gravitazionale tra il nostro corpo e la Terra è sicuramente molto più grande della repulsione elettrostatica.

Quanto all'«impressione quotidiana», il discorso vale per l'interazione di un oggetto con la Terra, non certo per l'interazione tra due oggetti: osservare l'attrazione gravitazionale tra due oggetti richiederebbe un apparato estremamente sensibile, mentre, ad esempio, l'attrazione elettrostatica tra pettine e capelli può essere molto evidente[2].

E allora? Semplice: il confronto tra forze elettrostatiche e forze gravitazionali ha senso *solo se si riferisce all'interazione tra particelle elementari*[3]: se le particelle hanno carica, l'interazione elettrostatica tra di esse è, a pari distanza, incomparabilmente più grande di quella gravitazionale. E qui vengono buoni gli esempi che l'Autore stesso propone: la forza elettrostatica tra un protone e un elettrone è, a pari distanza, $2,4 \times 10^{39}$ volte più grande della forza gravitazionale, la repulsione elettrostatica tra due elettroni è, a pari distanza, $4,2 \times 10^{42}$ volte più grande dell'attrazione gravitazionale[4]. Se parliamo di particelle, tra elettricità e gravitazione decisamente non c'è confronto.

---

2 Per inciso, non è vero che «gli oggetti che ci circondano sono normalmente neutri». Al contrario, gli oggetti che ci circondano sono praticamente sempre carichi di elettricità: il semplice contatto tra due corpi è in genere sufficiente a produrre lo spostamento di un certo numero di elettroni da uno all'altro (effetto che viene grandemente amplificato nei processi di elettrizzazione per strofinio). Sennonché la carica è talmente debole che le relative interazioni non sono in pratica osservabili.

3 Intendendo qui per 'elementare' ogni particella che (indipendentemente dal fatto di essere o no costituita da altre particelle) ha il carattere della molteplicità (ossia dell'indistinguibilità dalle consimili). In questo senso, non solo un elettrone, o un protone, o un neutrone, ma anche un nucleo atomico o una molecola sono particelle elementari.

4 Il che (tenuto conto che l'intensità delle due interazioni è inversamente proporzionale al quadrato della distanza) si può anche descrivere in questo modo: perché la forza repulsiva elettrostatica tra due elettroni sia debole quanto la forza con cui, per effetto gravitazionale, si attraggono quando si trovano alla distanza di un millesimo di millimetro, occorre che i due elettroni distino circa due mila miliardi di chilometri (una distanza più di diecimila volte superiore alla distanza media Terra-Sole)!

75 – LA FORZA NON CAMBIA

Citazione

«In seguito alla polarizzazione del dielettrico varia anche la forza d'interazione tra due cariche elettriche. Precisamente, se F_0 è la forza d'interazione tra due cariche nel vuoto alla distanza r, le stesse cariche poste alla stessa distanza in un determinato isolante interagiscono con una forza F che risulta in ogni caso minore di F_0. Il rapporto F_0/F [...] varia solo al variare del dielettrico [...] e si chiama costante dielettrica relativa del mezzo.» *(Testo di fisica per il liceo scientifico)*

Commento

Delle due, l'una. O l'Autore ha ragione, e allora è arrivato il momento di fare giustizia di quello che si riteneva essere un principio sacro della fisica: il principio di sovrapposizione delle interazioni elettrostatiche. Oppure, più semplicemente, l'Autore prende un granchio. Come personalmente, nonostante l'Autore sia in ottima e abbondante compagnia, propendo a credere.

A norma del principio di sovrapposizione, *l'interazione tra due cariche non viene modificata dalla presenza di altre cariche*[1]. Per quale ragione, allora, la forza elettrostatica su una carica q' posta in prossimità di una carica q'' ha un valore diverso se le due cariche vengono posizionate all'interno di un materiale dielettrico? Non perché sia cambiata la forza di interazione tra le due cariche: ma perché insieme alla forza esercitata da q'' agiscono su q' anche le forze provenienti dalle cariche di polarizzazione che compaiono sulle superfici del dielettrico[2].

Ma non basta: perché non è affatto vero che «il rapporto F_0/F varia solo al variare del dielettrico». Cioè, non è vero che, una volta stabilito il tipo di dielettrico, dell'effetto delle cariche di polarizzazione sulla forza elettrostatica applicata a una carica q

---

[1] Il principio di sovrapposizione viene per lo più enunciato in questi termini: la forza che un sistema di n cariche esercita su una carica q è la somma vettoriale delle forze che ciascuna delle cariche del sistema esercita su q. A me sembra che tale enunciazione si limiti a riconoscere la natura vettoriale delle forze, ed eluda l'aspetto essenziale della questione.

[2] E in caso di polarizzazione non uniforme anche all'interno, a meno che il dielettrico non sia omogeneo e isotropo.

si può sempre tener conto indebolendo in un certo rapporto fisso la forza F_0 che agirebbe su q nel vuoto. Ciò richiede, come minimo, che il dielettrico (oltre a essere omogeneo e isotropo, in modo che gli si possa associare un unico valore di ε_r – costante dielettrica relativa – indipendentemente dalla posizione e dalla direzione considerate) sia esteso a tutto il campo elettrico prodotto da q e dalle cariche che interagiscono con q[3].

Ma quand'anche il dielettrico soddisfi a tali requisiti, è possibilissimo, nel caso q non sia puntiforme, che la forza F sia completamente diversa da F_0/ε_r. Esempio: in un condensatore piano, quando la distanza tra i due piatti metallici è molto piccola in rapporto al diametro dei piatti, si può ritenere senza errore apprezzabile che le cariche di polarizzazione siano distribuite con uniformità a ridosso delle due superfici metalliche prospicienti. Il campo elettrico da esse prodotto è allora un campo uniforme localizzato nello spazio tra i due piatti: cosicché i due piatti risultano *esterni* a tale campo, e non possono conseguentemente accorgersi dell'esistenza delle cariche di polarizzazione. Vale a dire: dielettrico o non dielettrico, la forza elettrostatica sui due piatti è sostanzialmente sempre la stessa.

Morale: come tutte le formule, la $F = F_0/\varepsilon_r$ può essere usata solo a ragion veduta. Dimenticare una formula può anche essere grave: ma è sicuramente più pericoloso ricordarla senza insieme ricordarne il significato, e il limite di validità[4].

---

[3] In caso contrario occorre tener conto anche delle cariche di polarizzazione localizzate sulla superficie limite (la superficie 'esterna') del dielettrico: ed è chiaro che, a parità di ogni altra circostanza, l'effetto di tali cariche – la forza esercitata su q — dipende dalla forma, dalle dimensioni, dalla posizione della superficie in questione.

[4] I formulari che molti Autori pongono a fine capitolo o a fine libro piacciono agli studenti, che li considerano molto 'pratici': ma mi sembrano fondamentalmente diseducativi e fuorvianti. *La fisica non è un grande deposito di formule.*

76 – VIA COL VENTO

Citazione

«L'esistenza del vento elettrico in prossimità delle punte [di un conduttore carico di
elettricità] può essere evidenziata anche
con l'esperimento dell'arganetto elettrico
[...]. Per il principio della conservazione
della quantità di moto esiste sia un movimento di ioni che sono respinti dalle punte
sia un movimento di ioni che vengono attratti dalle punte, trasmettendo ad esse la
propria quantità di moto. L'arganetto elettrico assume così un moto rotatorio nel verso opposto a quello secondo cui sono incur-
vate le punte metalliche.»

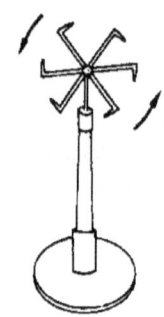

(Testo di fisica per il liceo scientifico)

Commento

Sbaglierò, ma la particolare costruzione del periodo espone lo
studente a un rischio: quello di incamerare l'idea che la presenza nell'aria di ioni dei due segni sia una diretta conseguenza
del principio di conservazione della quantità di moto. Speriamo
di no. In tutti i modi, una cosa è chiara: per l'Autore, le punte
del mulinello (o arganetto, o girandola che dir si voglia) arretrano in quanto bombardate dagli ioni che esse stesse hanno attratto. Il senso comune forse non ne riceve una grave offesa, ma
il principio di conservazione della quantità di moto sì.

Schematizziamo. Situazio-
ne 1: su un piano orizzontale
(figura) sono appoggiati due
blocchi. Il blocco A, dotato
di carica elettrica positiva,
ha massa 100 volte superiore

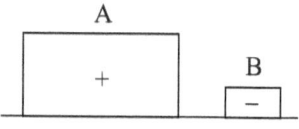

a quella del blocco B, dotato di carica negativa. Si supponga che
i due blocchi, che chiaramente si attraggono, non abbiano inizialmente alcuna possibilità di movimento. Si suppongano inoltre nulli gli attriti e la resistenza dell'aria. Se a un dato istante i
due blocchi vengono liberati, che accade? Essendo verticali
tutte le forze esterne (i pesi e le reazioni del piano d'appoggio),
rispetto a ogni direzione orizzontale il sistema è isolato. Perciò,

il centro di massa del sistema non si sposta. In altre parole, i due blocchi si vengono incontro con velocità tali da mantenere nulla la quantità di moto complessiva:

$m_A \vec{v}_A + m_B \vec{v}_B = 0$.

Essendo $m_A = 100\, m_B$, la velocità di A è, ad ogni istante, cento volte inferiore a quella di B, cosicché le distanze coperte da A sono, in uno stesso intervallo di tempo, cento volte inferiori a quelle coperte da B. Alla fine, A e B si incontrano e si fermano l'uno contro l'altro: *la situazione finale è la quiete.*

Situazione 2. Inizialmente, tutto come sopra: ma questa volta A è carico di segno meno, come B. Che succede in tal caso? I blocchi si allontanano l'uno dall'altro con velocità inversamente proporzionali alle masse. Man mano che aumenta la distanza, diminuisce la forza repulsiva e diminuiscono le accelerazioni: le velocità quindi aumentano sempre più lentamente. Alla fine, le velocità non cambiano più e, in assenza di intoppi, i blocchi viaggeranno con velocità costante (quella di A cento volte inferiore a quella di B) per tutta l'eternità.

Mi appello al lettore: quale delle due situazioni si presta meglio, a suo parere, a rappresentare l'interazione del mulinello (il blocco A) con uno ione (il blocco B) avente carica di segno opposto? Immagino la risposta, mi dichiaro totalmente d'accordo e concludo: le punte del mulinello arretrano *non perché colpite dagli ioni di segno contrario, ma perché respinte dagli ioni dello stesso segno.* Quelli che, respinti a loro volta dalla punta, danno collettivamente luogo allo spostamento d'aria che alcuni Autori – il Nostro tra di essi – non esitano a denominare «vento elettrico»[1].

---

[1] Ci si potrebbe chiedere: dato che le punte cariche di segno più interagiscono tanto con ioni positivi (che le fanno arretrare) quanto con ioni negativi (che le fanno invece avanzare), non dovrebbe in definitiva l'arganetto, per simmetria, restare immobile? Risposta: la simmetria non c'è, come risulta chiaramente dall'esame delle situazioni 1 e 2. Nel caso 1, la situazione finale è la quiete: nel caso 2, la situazione finale è una velocità costante. Immaginiamo che il mulinello, carico di segno più, interagisca, in totale assenza di resistenze passive, con un'unica coppia di ioni: prima con uno ione negativo (attrazione), poi con uno ione positivo (repulsione). La velocità finale è forse zero? No, è la velocità (estremamente piccola) prodotta dall'interazione repulsiva con lo ione positivo. Il che spiega tutto.

154

77 – UN CAMPO ELETTRICO PER L'EQUILIBRIO

Citazioni

[A] «Siccome il conduttore è supposto in equilibrio elettrico, ciò implica che $\vec{E}_0$ è nullo in ogni suo punto interno (se fosse infatti $\vec{E}_0 \neq 0$ ci sarebbe evidentemente un movimento di cariche entro il conduttore).»
(Testo di fisica per il liceo scientifico)

[B] «Nei fenomeni elettrostatici però le cariche sono fisse e questa condizione richiede che all'interno di un conduttore il campo debba essere nullo [...]. Si deve intendere che questa è una condizione media macroscopica.»
(Testo di fisica per l'università)

Commento

L'equilibrio di cui si parla consiste nell'assenza di correnti elettriche all'interno di un conduttore: in tal caso, il moto degli elettroni di conduzione (o degli ioni, nel caso di soluzioni elettrolitiche o di gas) non ha in alcun modo il carattere di un movimento ordinato d'assieme: è un movimento perfettamente disordinato, statisticamente nullo[1]. Si chiama «equilibrio statistico».

Non inganni il fatto che le citazioni siano solo due, perché mai come in questo caso c'è accordo tra gli Autori: *se c'è equilibrio, non c'è campo elettrico.* Eppure, nell'idea che l'equilibrio elettrico presupponga obbligatoriamente l'assenza di campo elettrico c'è, nella migliore delle ipotesi (citazione [B], dove giustamente si parla di «condizione media macroscopica») una severità eccessiva; e nell'ipotesi peggiore (citazione [A]) una pretesa del tutto assurda.

Non è infatti minimamente vero che in caso di equilibrio gli elettroni di conduzione sono liberi da forze elettrostatiche: quando lo sono, lo sono solo in media, in senso statistico, e non «in ogni punto» (come sostiene l'Autore [A]), o in ogni istante. In realtà, sono continuamente soggetti a forze elettrostatiche estremamente intense, dovute all'interazione con gli altri elettroni di conduzione e con gli ioni positivi che vibrano nei nodi

---

[1] All'interno del metallo una qualsiasi superficie immaginaria viene attraversata nei due sensi, in uno stesso intervallo di tempo, da un uguale numero di elettroni.

del reticolo cristallino[2]. Tuttavia, tali forze sono l'espressione di campi elettrici prodotti, su scala microscopica, da singole particelle: e non hanno nessuna capacità di produrre un moto ordinato degli elettroni di conduzione nel loro insieme, dato che agiscono su ciascuno di essi in una direzione diversa e continuamente variabile. Dunque, quello che, in condizioni di equilibrio, risulta uguale a zero non è «il campo elettrico», bensì *il campo elettrico prodotto su scala macroscopica dalla carica posta sulla superficie del conduttore e sui corpi carichi circostanti.*

L'Autore [B], che parla di «condizione media macroscopica», si è messo apparentemente dalla parte della ragione. Sennonché succede a volte che l'equilibrio dei portatori di carica è salvo proprio grazie alle forze di un campo elettrico! Ciò accade ad esempio, per un conduttore metallico carico, nel sottile strato superficiale entro cui la carica è localizzata: l'equilibrio – il mantenimento della carica in tale strato – richiede che nello strato ci sia un campo elettrico perpendicolare alla superficie del conduttore, diretto verso l'esterno o verso l'interno a seconda che la carica sia positiva (difetto di elettroni) o negativa (eccesso di elettroni)[3].

Ma si consideri adesso un conduttore capace di funzionare da generatore elettrico: e precisamente, una bacchetta metallica verticale che, spostandosi con velocità costante in direzione orizzontale (figura), taglia le linee di un campo magnetico uniforme diretto perpendicolarmente alla bacchetta e alla sua velocità (nel caso della figura, dal lettore verso la pagina). A causa del movimen-

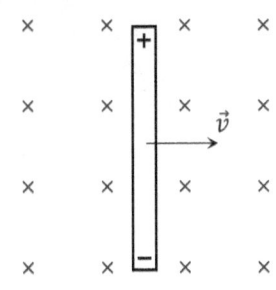

---

[2] Nelle immediate adiacenze di una particella carica, il campo elettrico ha intensità almeno un milione di miliardi di volte superiore alle più forti intensità osservabili in campo macroscopico.

[3] Procedendo dall'interno verso l'esterno del conduttore, l'intensità media del campo elettrico cresce da 0 a σ/ε_0 (newton a coulomb, ovvero volt a metro), dove σ è la densità superficiale di carica (coulomb a metro quadrato).

to della bacchetta, il campo magnetico esercita sugli elettroni di conduzione forze che tendono a spostarli da un'estremità all'altra: in figura, dall'alto verso il basso. Perciò, cariche elettriche macroscopiche di segno opposto sono accumulate alle due opposte estremità della bacchetta, e creano un campo elettrico le cui forze si oppongono ad ulteriori spostamenti d'assieme degli elettroni di conduzione, assicurandone, per l'appunto, l'equilibrio [4].

L'Autore [A] dice «evidentemente», l'Autore [B], che dice «questa condizione richiede», si appella anch'esso, con parole diverse, all'evidenza: e si può scommettere che l'uditorio non avrà di che obiettare. Che dire? L'evidenza è una bella cosa, ma molte volte è come l'apparenza: inganna. E comunque esistono, in fisica, argomenti di gran lunga migliori.

78 – SAPPIAMO DALLA MECCANICA

Citazioni

[A] «Sappiamo dalla meccanica che un corpo sotto l'azione del campo gravitazionale si muove sempre verso punti nei quali possiede minore energia gravitazionale [...].»
(Testo di fisica per il liceo scientifico)

[B] «[...] se una carica q si muove sollecitata solo dal campo elettrico da un punto P ad un punto Q è sempre $U(P) > U(Q)$ [...] come nel caso gravitazionale.» *(Stesso testo)*

[C] «Cioè le cariche positive si muovono verso i punti a minore potenziale, quelle negative verso i punti a maggiore potenziale.» *(Stesso testo)*

Commento

Ecco dunque codificate alcune regole del tipo che lo studente predilige. Brevi nella formulazione, limpide nel significato, facili da ricordare, rientrano a buon diritto nella categoria delle cosiddette «regole pratiche»: merito anche dell'avverbio «sempre» che, sgombrando il campo dal sospetto di possibili varianti

---

[4] Un esempio più familiare è quello di una pila. Se la pila non è in funzione – se cioè non è attraversata da corrente elettrica – l'equilibrio dei portatori di carica (ioni positivi e negativi in soluzione) è assicurato dal campo elettrostatico prodotto dalle cariche accumulatesi in corrispondenza del polo positivo e del polo negativo.

e complicazioni, incoraggia lo studente alla fede cieca, con ciò portando la praticità del discorso ai massimi livelli. Purtroppo, le tre regole in questione non hanno altro fondamento che la fantasia dell'Autore: e sarà bene dimenticarsene al più presto.

Che una forza tenda a spostare il punto su cui agisce nella direzione stessa della forza, è pacifico. Che però il punto in questione si sposti effettivamente nella direzione della forza, che cioè sia zero l'angolo tra forza e velocità, è tutto da vedere, *anche nel caso la forza in questione sia la sola forza agente.* Può naturalmente succedere, ma è un'eventualità del tutto particolare: più in generale, l'angolo tra forza e velocità potrà assumere qualsiasi valore [1].

Quando l'angolo è acuto la forza compie un lavoro positivo, e allora – posto che la forza sia conservativa – l'energia potenziale ad essa associata diminuisce: $U(P) > U(Q)$, come prescrive la regola [B] [2]. Ma se l'angolo è ottuso il lavoro della forza è negativo, e l'energia potenziale aumenta.

Un esempio immediato è quello di un oggetto K lanciato verticalmente verso l'alto nel vuoto (assenza d'aria). A partire dall'istante in cui K si stacca dalla mano, l'unica forza agente su K, la forza peso, è diretta verso il basso. Ciò nonostante, K si sposta in un primo tempo verso l'alto: dal punto di lancio fino al punto più alto della traiettoria il lavoro della forza peso è negativo, e l'energia potenziale gravitazionale di K continua ad aumentare.

Del resto, il moto di un pianeta attorno al Sole è fondamentalmente governato dalla sola forza attrattiva gravitazionale proveniente dal Sole: e siccome l'orbita è ellittica, la distanza del pianeta dal Sole varia alternativamente in diminuzione e in aumento, e lo stesso succede della sua energia potenziale.

---

[1] Anche se in un manuale universitario per ingegneria e fisica si legge quanto segue: «Poiché la forza che agisce su una carica è $\vec{F} = q\vec{E}$ risulta che una carica positiva posta in un campo elettrico si sposterà nello stesso verso del campo elettrico, mentre una carica negativa si sposterà in verso opposto».

[2] Dalla definizione stessa di energia potenziale (lavoro eventuale delle forze conservative) discende che l'energia potenziale finale è uguale all'energia potenziale iniziale meno il lavoro effettuato dalle forze conservative.

158

Si potrebbe obiettare: d'accordo, ma è solo una questione di velocità iniziale! Nel momento in cui il corpo K da noi lanciato è stato abbandonato all'azione del peso, la sua velocità era *diversa da zero:* se la velocità iniziale fosse stata zero, K sarebbe immediatamente caduto verso il basso. E lo stesso accadrebbe per un satellite artificiale che venisse abbandonato alle forze gravitazionali con velocità zero anziché con la giusta velocità nella giusta direzione. Perciò, si potrebbe concludere, le regole [A] e [B] funzionano, occorre solo specificare che il discorso si riferisce al caso di velocità iniziale nulla.

E invece no: la specificazione non basta a legittimare quel «sempre». Supponiamo che un lungo tubo rettilineo attraversi la Terra da un punto P al punto Q diametralmente opposto (fig. 1). In assenza di attrito un corpo K, abbandonato in P alla forza peso con velocità iniziale zero, cadrebbe verso il centro O della Terra acquistando via via velocità per effetto del lavoro positivo compiuto dal peso: tanto lavoro, tanta energia cinetica in più, al-

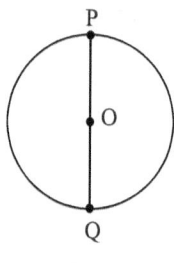

Fig. 1

trettanta energia potenziale gravitazionale in meno. Giunto in O, K proseguirebbe la sua corsa verso Q: ma, per effetto del lavoro negativo del peso, la sua velocità andrebbe via via diminuendo fino ad azzerarsi in Q (tanto lavoro, tanta energia cinetica in meno, altrettanta energia potenziale gravitazionale in più). Dopodiché, K verrebbe nuovamente richiamato verso O con velocità prima sempre più grande (fino a O), poi sempre più piccola (fino a P): e così via all'infinito [3]. Pur essendo stato K abbandonato con velocità iniziale zero all'azione delle sole forze del campo gravitazionale, la sua energia potenziale gravita-

---

[3] È facile dimostrare che, *se la Terra fosse una sfera omogenea,* l'oscillazione tra *P* e *Q* sarebbe armonica (cioè la distanza da *O* sarebbe funzione sinusoidale del tempo): il periodo di tale ipotetica oscillazione sarebbe pari a circa 84 minuti. Si noti che, per *qualsiasi* altra posizione (fig. 2) dei due estremi *P* e *Q* sulla superficie della Terra, si otterrebbe esattamente lo stesso risultato (oscillazione armonica con periodo 84 minuti).

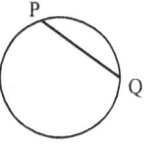

Fig. 2

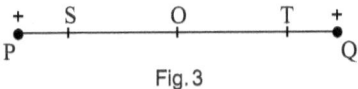

zionale andrebbe alternativamente diminuendo e aumentando.

Lo stesso discorso si potrebbe ripetere considerando un tunnel scavato entro una sfera uniformemente carica di elettricità, e una carica q di segno opposto abbandonata, entro il tunnel, all'attrazione elettrostatica proveniente dalla carica della sfera. Ma per le forze elettrostatiche ci avvantaggia il fatto che, a differenza di quelle gravitazionali, esse possono anche avere carattere repulsivo: cosicché non occorre un esempio così complicato. Basta pensare a una carica puntiforme positiva q posta in quiete in una generica posizione S (fig. 3) sul segmento che uni-

Fig. 3

sce due cariche puntiformi, fisse nello spazio in P e Q rispettivamente, identiche tra loro, positive anch'esse. Abbandonata all'azione delle forze elettrostatiche (che tendono a spostarla verso il centro O del segmento PQ), q oscillerebbe all'infinito tra la posizione iniziale S e la posizione simmetrica T [4]. Il lavoro delle forze elettrostatiche sarebbe positivo in avvicinamento a O, negativo in allontanamento da O. E l'energia potenziale elettrostatica di q andrebbe alternativamente diminuendo e aumentando nella stessa misura.

E il potenziale? Che accadrà del potenziale, lungo il percorso di q? Nel campo prodotto dalle altre due cariche il potenziale diminuisce da S a O, per poi risalire al valore iniziale da O a T: il che significa che la carica positiva q, libera di muoversi sotto l'effetto delle sole forze elettrostatiche, si muoverebbe alternativamente verso potenziali minori e verso potenziali maggiori. Dunque, anche la regola [C], così attraente, funziona poco e male. Per sapere come varia il potenziale lungo il percorso di una carica in un campo elettrostatico, non ci sono, purtroppo, 'regole pratiche' di validità generale: dobbiamo, di volta in volta, comprenderlo noi.

---

[4] In realtà, q continuerebbe a perdere energia (e l'ampiezza di oscillazione a diminuire) in conseguenza della radiazione elettromagnetica emessa.

160

79 – ESPERIENZE ELETTRICHE

Citazioni

[A] «Esistevano (ed esistono tuttora) esperienze e leggi elettriche le quali dimostrano che qualora una carica elettrica si muova, essa irradia onde elettromagnetiche.»
(Testo di chimica per la scuola media superiore)

[B] «La relazione ricavata stabilisce una proporzionalità diretta tra quantità di sostanza e quantità di corrente impiegata; espressa in formula, è la seguente: m = KQ (dove [...] Q = quantità di corrente espressa in Coulomb.» *(Stesso testo)*

[C] «Thomson [...] poté stabilire che il rapporto carica su massa era dato dalla seguente relazione: e/m = v/rB, dove [...] B è la forza del campo magnetico.» *(Stesso testo)*

[D] «Esaminando in dettaglio queste esperienze, si rileva che i raggi catodici [...] possiedono una carica elettrica negativa in quanto vengono attratti dal polo positivo di un magnete o di un campo elettrico.»
(Stesso testo)

[E] «Se questo pennello di radiazioni viene fatto passare attraverso un campo elettrico o magnetico, il pennello si dividerà in tre parti (figura 1): le radiazioni attratte dal polo negativo (e che quindi hanno una carica elettrica positiva) si chiamano particelle α, quelle attratte dal polo positivo (e che quindi sono dotate di carica elettrica negativa si chiamano particelle β.»
(Testo di chimica per le scuole medie superiori)

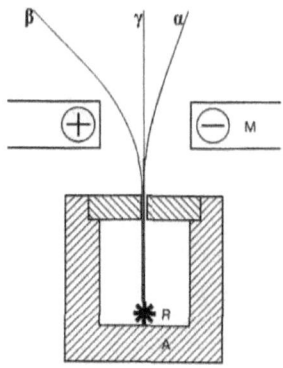

Figura 1 - *Emissioni di radiazioni da un campione di radio.* Il materiale radioattivo R contenuto nel recipiente di piombo A emette radiazione α, β e γ. Dal foro praticato nel coperchio esce un pennello di radiazioni. I fasci di particelle α e β, dotate di cariche elettriche, sono deviate dal campo magnetico M in direzioni opposte, mentre il fascio delle radiazioni γ non è deviato perché queste radiazioni sono prive di carica elettrica.

[F] «A circa 10.000 °C gli atomi si scindono in protoni, neutroni ed elettroni.»

(Testo di chimica per le medie superiori)

Commento

Se un editore di testi scolastici mi dovesse dire (non accadrà) di essere disposto, in via eccezionale, a seguire un mio suggerimento, io credo che il suggerimento sarebbe questo: prima di pubblicare un testo di chimica, faccia ben controllare ciò che, nel testo, si riferisce alla fisica. In materia di testi di chimica la mia esperienza non è vastissima, ma, per quello che può valere, mi porta a conclusioni estreme: quando c'è di mezzo la fisica, in un testo scolastico di chimica se ne possono veramente sentire di tutti i colori.

Qualche piccolo saggio l'ho già dato, in ordine sparso, nei capitoli precedenti (il caso limite è la citazione [A] del cap. 47). Qui l'argomento è diverso, si parla di elettricità e magnetismo: ma per il collezionista di strafalcioni d'autore è una miniera anche questa.

A voler essere benevoli, si potrebbe a volte parlare di una terribile imprecisione di linguaggio. Nella [A], per esempio, si dichiara che una carica in movimento è sorgente di un'onda elettromagnetica: ma in realtà il movimento non basta, occorre un moto accelerato (e cioè una velocità che aumenta, o che diminuisce, o che cambia direzione). Nella [B] si introduce, in sostituzione della carica elettrica, una grandezza fisica del tutto nuova, la 'quantità di corrente', (e la si misura in «Coulomb», ma perso per perso era meglio misurarla in «coulomb»). Nella proposizione [C] la grandezza B viene identificata con la forza del campo magnetico, quando invece rappresenta la grandezza 'campo magnetico' (o 'induzione magnetica'): nel caso che l'Autore considera la forza è data dal prodotto evB. Nella [D] si allude al 'polo positivo di un campo elettrico': è detto assai male, perché i campi elettrici non hanno poli, ma insomma ci capiamo. Si parla però di 'polo positivo' – nella [D] e nella [E] – anche con riferimento a un magnete. La denominazione corrente per i poli di un magnete è per la verità Nord e Sud, non positivo e negativo: ma non è questo il punto. Il punto è che chiamare 'positivo' il polo Nord induce a cattivi pensieri: tant'è che i due autori (ma non solo loro) affidano al polo Nord di un magnete, in quanto 'positivo', il compito di attrarre le cariche negative (a scanso di dubbi, la didascalia della fig.1 precisa che le particelle α e β «sono deviate dal campo magnetico M in direzioni opposte», e in figura si vedono in effetti le particelle venire rispettivamente attratte dal polo – e dal polo +). In realtà, la forza esercitata da un campo magnetico su una carica elettrica è sempre perpendicolare alle linee di campo, che escono dal magnete in corrispondenza al polo Nord ed entrano in corrispondenza al polo Sud: *nessuna attrazione o repulsione*, quindi. Nel caso della figura gli elettroni verrebbero deviati non verso il polo Nord, ma verso il lettore, e le particelle α non verso il polo Sud, ma nella direzione che porta dal lettore alla pagina. Per ottenere le deviazioni mostrate in figura occorrerebbe un campo magnetico diretto perpendicolarmente alla pagina, dalla pagina verso il lettore.

Resta la proposizione (F), relativamente alla quale bisognerebbe far passare la voce che la notizia non ha fondamento alcuno. Nelle fornaci termonucleari delle stelle, a temperature dell'ordine dei cento milioni di gradi, nuclei di deuterio (un protone più un neutrone) e di elio 3 (due protoni più un neutrone), ben lungi dal disgregarsi, si fondono assieme che è un piacere formando nuclei di elio 4 (due protoni più due neutroni). E a 10 000 °C, la temperatura a cui la [F] si riferisce evocando la disgregazione dei nuclei atomici, che succede? Niente di così catastrofico. A 10 000 °C la materia è fortemente ionizzata, questo sì: gli atomi hanno perso, per effetto degli urti dovuti all'agitazione termica, gli elettroni più periferici, meno fortemente legati[1]. Ma non sarà qualche anche ben assestato urto termico a mettere in crisi il felice sodalizio di protoni e neutroni da noi chiamato nucleo[2].

---

[1] È il quarto stato della materia, lo stato di 'plasma', in cui si trova almeno il 99% della materia dell'universo.

[2] Per disgregare un nucleo in protoni e neutroni occorrerebbe un'energia di qualche MeV per ogni protone o neutrone. Nel moto di agitazione termica, l'ordine di grandezza dell'energia cinetica media di traslazione raggiunge il valore di 1 MeV a una temperatura di dieci miliardi (dieci miliardi!) di gradi.

80 – COME GIRANO LE PARTICELLE

Citazione

(Testo universitario

  americano)

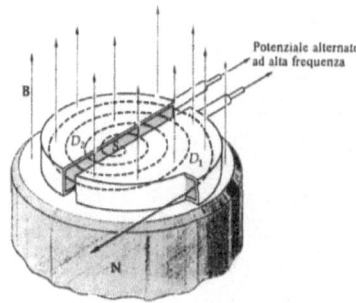

Commento

Quasi tutti gli Autori a me noti si servono di una figura come questa per spiegare allo studente come funziona un ciclotrone[1]. Strano, stranissimo, perché la traiettoria che la figura assegna alle particelle ha un brutto difetto: è impossibile.

Il principio di funzionamento del ciclotrone è di una semplicità rara: le particelle girano sotto l'azione del campo magnetico, acquistando velocità nell'interspazio tra le due camere metalliche (le due cosiddette 'D') per effetto del lavoro delle forze del campo elettrico ivi localizzato. Si trova facilmente che le particelle percorrono una traiettoria il cui raggio di curvatura è

[A] $r = mv / qB$

(dove m è la massa delle particelle, v la loro velocità, q la loro carica, B il modulo dei vettore campo magnetico)[2]. Aumentando v ad ogni passaggio nel campo elettrico, per la [A] aumenta in proporzione anche r, e la traiettoria si allarga sempre più, acquistando la tipica forma a spirale. E fin qui, tutto bene.

---

[1] È storicamente il primo tipo di acceleratore circolare. Costruito da Lawrence (università di Berkeley) nel 1931-32, serve per accelerare a velocità non-relativistiche particelle cariche.

[2] La forza del campo magnetico sulla particella è in questo caso $F = qvB$. Tale forza è perpendicolare alla velocità, e si identifica qui con la forza centripeta mv^2/r. Dall'uguaglianza $vB = mv^2/r$ segue la [A].

Ma attenzione: cosa mostra la figura del testo citato? Mostra che, ad ogni passaggio da una all'altra, r aumenta *sempre nella stessa misura:* il 'passo' della spirale è costante.

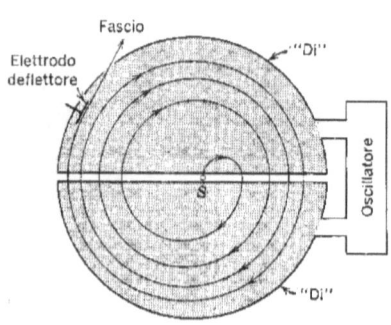

Il che sarebbe vero nel caso la velocità subisse, ad ogni passaggio, sempre uno stesso incremento. Ma non è affatto così! L'aumento della velocità, e quindi di r, è in realtà via via più piccolo. Perciò la spirale giusta è del tipo rappresentato nella figura qui a lato [3].

Spiegazione. A ogni passaggio della particella nel campo elettrico resta invariato il lavoro qV delle forze elettrostatiche (V è la differenza di potenziale tra le due D nel momento in cui la particella si trasferisce da una D all'altra). Perciò, è sempre uguale l'aumento dell'energia cinetica $mv^2/2$, e quindi l'aumento $\Delta(v^2)$ del quadrato di v: dal che segue immediatamente che l'incremento Δv di v è tanto più piccolo quanto più grande è v.

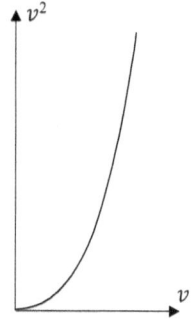

La cosa salta subito all'occhio di chi osserva qui a lato il grafico che mostra come varia v^2 al variare di v: a pari incremento di v^2, l'incremento di v è tanto minore quanto maggiore è v. Chi si fida più dell'analisi matematica che dei propri occhi, consideri che la derivata di v^2 rispetto v è $d(v^2)/dv = 2v$. Il che significa che all'incremento dv della velocità corrisponde l'incremento $d(v^2) = 2v\,dv$ del quadrato della velocità. Perciò non si scappa: se $d(v^2)$ è costante, dv è inversamente proporzionale a v.

Del resto, che Δv debba diminuire al crescere di v lo si capisce subito considerando che l'accelerazione prodotta dal campo

---

[3] Da Halliday-Resnick, *Fondamenti di fisica*, CEA, Milano 1984.

elettrico è sempre la stessa: $a = F/m = qE/m$. Sennonché, quanto più grande è v tanto più breve è il tempo Δt necessario alla particella per attraversare il campo elettrico: e tanto più piccolo risulterà conseguentemente l' incremento $\Delta v = a \Delta t$ della sua velocità.

81 – PENDOLO CON PROBLEMI

Citazione

«Poiché la variazione di flusso è dovuta al moto oscillatorio, per la legge di Lenz il verso delle correnti indotte è tale da frenare le oscillazioni a mezzo del campo magnetico opposto da esse prodotto.»
(Testo di fisica per il liceo scientifico)

Commento

È l'esperienza del cosiddetto «pendolo di Walthenhofen», uno dei tanti pendoli della fisica: meno celebre di quello di Foucault, forse anche perché trascurato dai letterati, ma non meno prezioso sul piano didattico. L'esperienza si può realizzare facendo oscillare, a mo' di pendolo appunto, una lastra di rame tra i due poli di un elettromagnete a C: non appena l'elettromagnete viene 'acceso' (facendo circolare corrente nei suoi avvolgimenti), l'oscillazione viene bruscamente frenata per effetto delle correnti 'di Foucault', le correnti elettriche che vengono indotte nella lastra mentre attraversa il campo magnetico.

Ciò che, nella frase sopra citata, crea il problema è un aggettivo: l'aggettivo «opposto». Se il campo magnetico prodotto dalle correnti di Foucault fosse in ogni caso opposto a quello dell'elettromagnete (Nord contro Nord, Sud contro Sud), l'energia cinetica perduta dalla piastra mentre entra nel campo dell'elettromagnete sarebbe, per simmetria, completamente recuperata mentre ne esce. In realtà, il campo prodotto dalle correnti di Foucault è opposto al campo dell'elettromagnete mentre la piastra entra nel campo, *ma è equiverso mentre la piastra esce.* La piastra che si avvicina (fig. 1) è perciò equiparabile ad un magnete che oppone il proprio Nord al Nord dell'elettromagnete, e il proprio Sud al Sud dell'elettromagnete; la piastra che si allontana (fig. 2) è invece come un magnete che oppone Nord a Sud e Sud a Nord. Che è precisamente quanto serve perché il movimento della piastra venga ostacolato sia in avvicinamento (repulsione) che in allontanamento (attrazione), in accordo alla legge di Lenz[1].

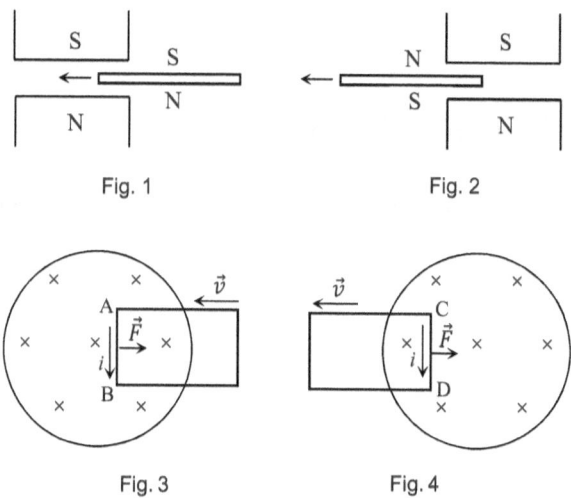

Fig. 1   Fig. 2

Fig. 3   Fig. 4

Ma... come funziona? Schematizziamo al massimo la situazione, sostituendo alla piastra una semplice spira metallica rettangolare. Nella fig. 3 stiamo osservando la spira dal polo Nord dell'elettromagnete (le linee del campo magnetico sono dirette da noi verso il foglio). Dato che la spira viaggia verso sinistra, la forza del campo magnetico (la forza di Lorentz) agisce sugli elettroni di conduzione della spira da B verso A: una corrente elettrica antioraria circola perciò nella spira, e il lato AB è conseguentemente soggetto a una forza magnetica diretta orizzontalmente verso destra, che quindi ostacola l'avvicinamento della spira. Si osservi che il campo magnetico generato dalla corrente indotta è in questo caso controverso a quello dell'elettromagnete (come in fig. 1).

La fig. 4 mostra invece la spira che, sempre viaggiando verso sinistra, esce dal campo magnetico. Come prima nel lato AB, così adesso nel lato CD gli elettroni vengono sospinti dalla forza

---

[1] La legge di Lenz stabilisce che gli effetti magnetici della corrente indotta sono sempre tali da contrastare la variazione di flusso magnetico che l'ha generata.

magnetica verso l'alto: ma questa volta il risultato è che la corrente indotta circola nella spira in senso orario. Sul lato CD il campo magnetico esercita (come prima su AB) una forza diretta verso destra, ostacolando così l'allontanamento della spira. Il campo generato dalla corrente indotta è questa volta equiverso con quello dell'elettromagnete (come quello della fig. 2).

Del resto, che il pendolo di Wallhenhofen sia destinato a creare problemi lo si vede anche dalla fig. 5, riportata da uno dei migliori testi italiani di fisica per il liceo. Non ci può essere corrente indotta lungo percorsi concatenati a un flusso magnetico che si mantiene stazionario, o che (come nel caso della figura) ha raggiunto il suo massimo valore: *la forza elettromotrice vale zero!*[2] Le correnti indotte avranno piuttosto un andamento del tipo schematizzato in fig. 6. Così, tutto va meglio anche dal punto di vista della simmetria. E non è poco.

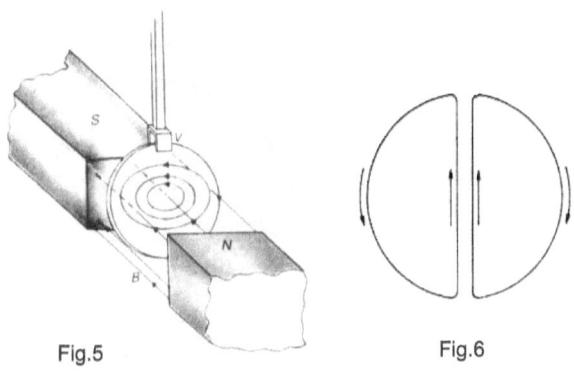

Fig.5

Fig.6

[2] La forza elettromotrice indotta lungo un determinato percorso L è uguale alla 'rapidità di variazione' (cioè alla derivata rispetto al tempo) del flusso magnetico concatenato a L.

168

82 – OSSERVANDO LA FIGURA

Citazione

«Un'induttanza produce uno sfasamento: la tensione anticipa la corrente. Tale anticipo è intuitivamente evidente osservando la fig.14: chiudendo il circuito la tensione raggiunge subito il massimo valore, mentre la corrente cresce tanto più lentamente quanto maggiore è l'induttanza. Anche una capacità sfasa, ma nel verso opposto di quello prodotto da un'induttanza: la tensione ritarda rispetto alla corrente.»

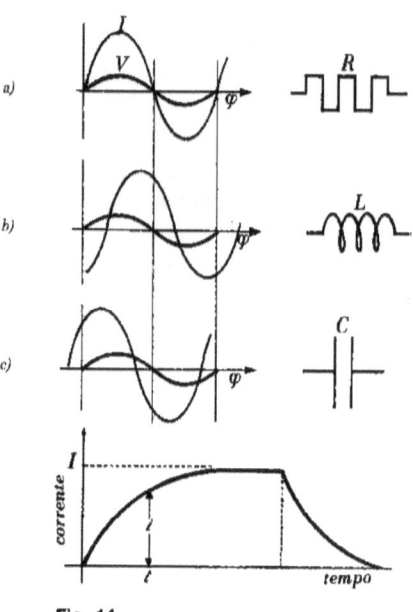

Fig. 14

(*Testo di fisica per il liceo scientifico*)

Commento

L'Autore, che sta parlando di correnti alternate, ha fretta, e trascura di precisare che lo sfasamento in questione corrisponde a 1/4 del periodo T delle due funzioni sinusoidali. Se non fosse per i diagrammi b e c, poco male: la materia è vasta, a qualcosa si deve rinunciare. Ma ci sono i diagrammi, e a tutto fanno pensare tranne che a uno sfasamento di $T/4$: basti osservare che, per tale valore dello sfasamento, i massimi della sinusoide della corrente (quella, nel disegno, di maggiore ampiezza) dovrebbero risultare simultanei agli zeri della sinusoide della tensione.

Ma c'è un perché: in un empito di fervore didattico, l'Autore si appella alla fig. 14, con ciò scambiando una corrente alternata (quella a cui i diagrammi b e c si riferiscono) con il transitorio di chiusura di un circuito in corrente continua. Di qui, il risultato a sensazione: in un induttore, il ritardo della corrente dipende non dalla frequenza di alimentazione, ma dal valore dell'induttanza! A ogni induttore il suo ritardo, insomma, indipendentemente dalla frequenza: e, analogamente, a ogni condensatore il suo anticipo. Ed ecco spiegato l'andamento anomalo dei diagrammi *b* e *c*: dove, giusto per tenersi sulle generali, lo sfasamento è di circa $T/8$. L'Autore si schermisce, minimizza, dice che è «intuitivamente evidente». Ma la verità è un'altra: l'idea dello sfasamento personalizzato è una rarità assoluta, probabilmente una prima mondiale.

Non è invece una rarità – anzi, è la norma – che si parli di anticipo o ritardo senza fare il ben che minimo cenno a convenzioni di segno per la tensione e la corrente: in modo tale dunque che il discorso risulti del tutto privo di senso.

Eppure, dovrebbe essere scontato che, se si parla di valori positivi o negativi, occorre che sia preliminarmente precisato che cosa, per un circuito in corrente alternata, si debba intendere per «tensione positiva» o per «corrente positiva». La convenzione generalmente adottata è quella 'degli utilizzatori': fissata ad arbitrio la direzione della corrente positiva, la tensione V viene misurata (figura) come differenza di potenziale tra morsetto E di entrata e morsetto U di uscita della corrente positiva

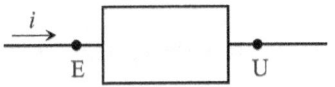

($V = V_E - V_U$). Conseguentemente, il fatto che la corrente e la tensione risultino a un dato istante entrambe positive o entrambe negative significa che, nell'apparecchio, la corrente sta viaggiando dai potenziali più elevati a quelli meno elevati: le forze di Coulomb stanno dunque compiendo, nell'apparecchio, lavoro motore, e quindi l'apparecchio sta 'consumando' energia potenziale elettrostatica: è un utilizzatore[3].

Per un induttore, tensione e corrente devono perciò avere lo stesso segno tutte le volte che il valore assoluto della corrente è in aumento (il che richiede proprio che la tensione anticipi sulla

---

3 Quando la tensione è zero, nell'apparecchio non agiscono forze elettrostatiche; quando è zero la corrente, le forze elettrostatiche non lavorano. In entrambi i casi non c'è né consumo, né produzione di energia elettrica.

corrente di 1/4 di periodo): perché allora sta aumentando l'energia $\frac{1}{2}Li^2$ del campo magnetico tra le spire, e l'induttore sta ricevendo la corrispondente quantità di energia dal circuito. Viceversa, per un condensatore tensione e corrente devono avere lo stesso segno tutte le volte che il valore assoluto della tensione è in aumento (il che implica che sia la corrente ad anticipare di 1/4 di periodo sulla tensione), perché allora è in aumento l'energia $\frac{1}{2}CV^2$ del campo elettrico tra le armature, e il condensatore sta ricevendo la corrispondente quantità di energia dal circuito. Se invece, *come altrettanto lecito,* venisse adottata la convenzione 'dei generatori' (tensione uguale a potenziale del morsetto d'uscita meno potenziale del morsetto d'entrata della corrente positiva), nei diagrammi *b* e *c* una delle due sinusoidi risulterebbe ribaltata attorno all'asse dei tempi, cosicché ciò che prima era in essa positivo ora sarebbe negativo, e viceversa: e allora risulterebbe in ritardo la sinusoide che prima – con l'altra convenzione – risultava in anticipo. Che cosa bisognerebbe in tal caso insegnare allo studente? Che la tensione anticipa sulla corrente non nell'induttore, ma nel condensatore: l'esatto contrario di quanto, magari con l'assicurazione che è «intuitivamente evidente», gli viene normalmente prescritto di credere.

83 – CHI RISCALDA I GENERATORI?

Citazione

«D'altra parte, osserviamo che durante il movimento della spira si ha in essa una dissipazione di energia elettrica per effetto Joule. La potenza dissipata è $P = Ri^2$ [...] cioè l'energia spesa per mantenere in movimento la spira è uguale all'energia prodotta, cioè all'energia elettrica della corrente indotta che viene dissipata per effetto

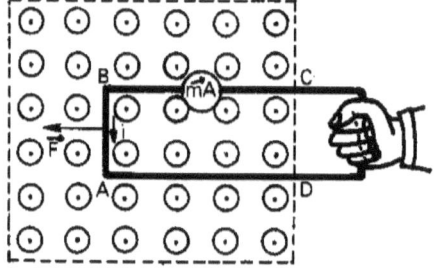

Joule in energia termica, conformemente a quanto prevede il principio di conservazione dell'energia.»

(Testo di fisica per il liceo scientifico)

Commento

A illustrazione della legge di Lenz sul senso di circolazione della corrente elettrica indotta, il testo propone l'esempio classico di una spira metallica che esce da un campo magnetico uniforme, diretto perpendicolarmente al piano della spira (nella figura, le linee del campo magnetico sono dirette dal foglio verso il lettore). Alla fine, l'Autore coglie giustamente l'occasione per alcune considerazioni di bilancio energetico: purtroppo, si lascia prendere la mano e, come si può vedere, pasticcia. Se ne accorgeranno i suoi lettori? L'insidia è sottile, e io temo che lo studente prenderà tutto per oro colato. E che si stupirebbe non poco leggendo ora che:

1. dato che con R è stata indicata la resistenza dell'intera spira, la potenza elettrica prodotta, e dissipata per effetto Joule, è in realtà *inferiore* a $R i^2$;

2. l'energia spesa per mantenere la spira in movimento (sottinteso, con velocità costante, altrimenti il problema è indeterminato) è in realtà *più grande* dell'energia elettrica prodotta.

Punto primo. Che significa, esattamente, che nella spira si verifica una «dissipazione di energia elettrica per effetto Joule»? Prima di tutto, che si è verificato un consumo di energia elettrica, cioè che gli elettroni di conduzione hanno perduto energia potenziale elettrostatica per essersi spostati nella direzione stessa delle forze elettrostatiche (le quali quindi hanno compiuto lavoro positivo). In secondo luogo, che l'energia cinetica prodotta dal lavoro delle forze elettrostatiche a livello del moto 'di deriva' degli elettroni di conduzione, viene 'dissipata' per effetto degli urti tra elettroni di conduzione e particelle del reticolo cristallino, e ricompare quindi a livello del moto di agitazione termica (delle particelle del reticolo e degli stessi elettroni di conduzione). In definitiva: gli elettroni di conduzione hanno perduto energia potenziale elettrostatica, e in cambio il conduttore si è riscaldato. Ma guardiamo bene la figura della citazione. Sugli elettroni di conduzione presenti nel campo (una parte della spira è *fuori* dal campo) agisce, a causa del movimento della spira verso destra, la forza del campo (la cosiddetta forza di Lorentz[1]), diretta dal lato inferiore della spira verso il lato superiore[2]. Elettroni vengono perciò sospinti, nel lato AB (il lato verticale a sinistra), da A verso B: col risultato che A si carica di segno più (difetto di elettroni), e B di segno meno (eccesso di elettroni). Ne derivano forze elettrostatiche che in AB fanno opposizione allo spostamento di elettroni verso B, e che tendono a spostare elettroni da B verso A lungo il percorso BCDA. In definitiva, un flusso di elettroni si stabilisce nella spira in senso orario: il che, secondo le convenzioni, corrisponde a una corrente elettrica antioraria.

Dove si verifica, allora, la «dissipazione di energia elettrica per effetto Joule»? Non certo nel lato AB, dove, spostandosi gli elettroni di conduzione in direzione contraria a quella delle forze elettrostatiche, l'energia elettrica viene *non consumata, ma prodotta*. Bensì nel resto del circuito, dove il lavoro delle forze elettrostatiche è positivo, e dove l'energia cinetica da tale lavoro generata (pari all'energia potenziale elettrostatica consumata) si ritrova per l'appunto a livello del moto di agitazione termica. Cosicché, è ben vero che la potenza dissipata per effetto Joule nell'intero circuito è $P = Ri^2$. Ma tale potenza non può essere senz'altro definita «elettrica»: la potenza elettrica dissipata per effetto Joule è l'energia potenziate elettrostatica perduta nell'unità di tempo dagli elettroni lungo il percorso BCDA, e si calcola moltiplicando per i^2 non la resistenza di tutto il circuito, ma la resistenza del solo tratto in questione. La potenza dissipata per effetto Joule nel lato AB corrisponde a energia cinetica prodotta dal lavoro delle forze del campo magnetico (senza alcun corrispettivo di energia potenziale elettrostatica consumata).

Punto secondo. Dato che in AB gli elettroni si muovono sia verso destra (insieme a tutta la spira) che verso B, la forza magnetica su di essi avrà tanto un componente verticale (verso B)

---

[1] Col nome di «forza di Lorentz» alcuni indicano, all'americana, non la forza $q\vec{v} \times \vec{B}$ del campo magnetico, ma la somma $q(\vec{E} + \vec{v} \times \vec{B})$ di tale forza con la forza del campo elettrico.

[2] La forza magnetica su una carica q è perpendicolare tanto alla velocità $\vec{v}$ di q quanto al campo magnetico $\vec{B}$, e forma col vettore $q\vec{v}$ e col vettore $\vec{B}$, presi in quest'ordine, una terna destra.

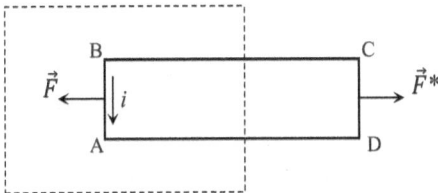

che un componente orizzontale (verso sinistra). Nella figura, $\vec{F}$ è il componente orizzontale della forza complessivamente applicata agli elettroni di conduzione contenuti in AB.

Naturalmente, la forza magnetica risultante è perpendicolare alla velocità risultante, cosicché il suo lavoro è zero. La deduzione allora è immediata: il lavoro motore compiuto dal componente verticale della forza magnetica (lavoro che corrisponde all'energia cinetica prodotta in AB a livello del moto di deriva degli elettroni di conduzione) è uguale al lavoro resistente compiuto dal componente orizzontale. Vale a dire: l'energia cinetica complessivamente conferita in AB agli elettroni di conduzione è l'esatto corrispettivo dell'energia cinetica macroscopica perduta dalla spira per effetto del lavoro resistente di $\vec{F}$, ed è quindi l'esatto corrispettivo del lavoro che dobbiamo compiere (o dell'energia cinetica che dobbiamo fornire alla spira) se vogliamo che la spira continui a muoversi senza perdere velocità. Insomma, quando la forza $\vec{F}^*$ che applichiamo alla spira per estrarla dal campo magnetico ha lo stesso valore della forza magnetica orizzontale $\vec{F}$, noi diamo alla spira esattamente tanta energia cinetica quanta ne viene conferita agli elettroni di conduzione in AB: ed è proprio questa l'«energia prodotta nella spira», l'energia che verrà in definitiva dissipata in effetto Joule lungo l'intero circuito e che relativamente a un intervallo di tempo Δt si può esprimere come $R i^2 \Delta t$.

Ma attenzione, l'energia *elettrica* prodotta (lavoro resistente delle forze elettrostatiche in AB) corrisponde a una parte soltanto di tale energia: è quella che resta una volta dedotta l'energia cinetica che in AB viene dissipata per effetto Joule. Perciò, non ci sono più dubbi: l'energia necessaria per mantenere in movimento la spira con velocità costante è *più grande* dell'energia elettrica prodotta. Se poi la forza $\vec{F}^*$ che applichiamo alla spira è più piccola della forza magnetica $\vec{F}$, noi diamo alla spira meno energia cinetica di quanta ne acquistano gli elettroni di conduzione in AB: e allora non c'è scampo, la spira rallenta fino ad arrestarsi. Perché in qualche modo, «conformemente a quanto prevede il principio di conservazione dell'energia», l'energia prodotta deve pur essere pagata.

84 – NON SONO SINONIMI

Citazione

« Si avrebbe così in tal caso una produzione di corrente elettrica e quindi di energia elettrica [...].»
(Testo di fisica per il liceo scientifico)

Commento

La regola non viene formalmente enunciata, ma il messaggio non potrebbe essere più chiaro: generare una corrente elettrica equivale senz'altro a generare energia elettrica: «produzione di corrente elettrica» e «produzione di energia elettrica» sono sinonimi. Pertanto, quando produciamo una corrente elettrica facendo scattare in chiusura l'interruttore di un elettrodomestico, non c'è da preoccuparsi: stiamo generando energia elettrica... E chi paga la bolletta della luce non ha capito niente.

Ma facciamo un discorso più serio. Immaginiamo (figura) un blocco metallico omogeneo, di forma cilindrica, attorno al quale circola, lungo un percorso circolare coassiale col cilindro, una corrente alternata. Per effetto delle variazioni del campo magnetico prodotto dalla corrente che percorre il filo, sugli elettroni di conduzione del blocco agiranno le forze di un campo elettrico indotto, e nel blocco circoleranno correnti elettriche indotte: le cosiddette correnti 'parassite', o 'di Foucault'. È chiaro che la particolare geometria della situazione[1]

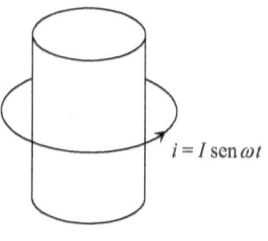

$i = I \,\mathrm{sen}\, \omega t$

---

[1] E la bassissima velocità 'di deriva' degli elettroni di conduzione (per cui, essendo molto prossima a zero l'accelerazione trasversale v^2/r, si può ritenere che gli elettroni procedano nella direzione stessa della

implica che le correnti indotte procedano lungo circonferenze il cui asse è l'asse del cilindro: ed è quindi pacifico che, per ragioni di simmetria, lo spostamento degli elettroni di conduzione non determina (come invece accadeva nella spira considerata al precedente capitolo) l'accumulo di carica elettrica e la comparsa di forze di tipo elettrostatico.

Capito? Gli elettroni di conduzione procedono liberi da forze elettrostatiche! Perciò, la loro energia potenziale elettrostatica né aumenta, né diminuisce: *la generazione di una corrente non implica di per sé né una produzione, né un consumo di energia elettrica.*

Per inciso, l'esempio serve anche a smentire quanto, nello stesso testo, si può leggere poche righe più avanti: «Le correnti di Foucault determinano una dissipazione di energia elettrica [...]». Come si è appena visto, non è detto.

Se poi, lungo una parte del percorso di tali correnti, si dovesse verificare effettivamente, in circostanze diverse da quelle qui considerate, un consumo (una 'dissipazione') di energia elettrica (lavoro positivo di forze elettrostatiche), altrettanta energia elettrica verrebbe necessariamente prodotta lungo il resto del percorso (dato che il lavoro complessivo delle forze elettrostatiche – e di qualsiasi forza di tipo conservativo – lungo un percorso chiuso è sempre zero). Le correnti di Foucault implicano dunque, in linea generale, che lungo il percorso *venga generata esattamente tanta energia elettrica quanta ne viene dissipata.*

---

forza, viaggino quindi lungo le linee di forza del campo elettrico indotto).

85 – URGE SPOSTARE SPAZZOLE

Citazione

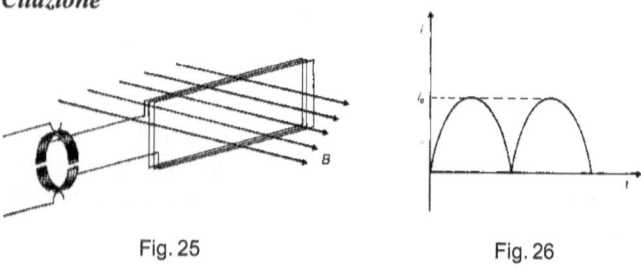

Fig. 25   Fig. 26

«Se ai due anelli collettori utilizzati nell'alternatore sostituiamo due mezzi anelli, come in figura 25, nell'istante in cui nella spira la f.e.m. cambia di segno, i collegamenti con il circuito vengono scambiati. In questo modo la corrente nel circuito, sebbene variabile nel tempo, circolerà sempre nello stesso senso, secondo l'andamento mostrato in figura 26.»
(Testo di fisica per il liceo scientifico)

Commento

Si osservi la prima figura. Il flusso magnetico che si concatena al circuito rotante ha appena raggiunto il suo valore massimo: immediatamente prima era ancora in aumento, da questo momento comincerà a diminuire. Perciò la corrente indotta, che prima dell'istante considerato circolava in senso tale da produrre, in accordo alla legge di Lenz, un proprio campo magnetico controverso al campo esterno (quello nel quale il circuito sta ruotando), da questo momento in poi circolerà in senso tale da produrre invece un campo equiverso. Vale a dire: nell'istante considerato la corrente indotta ha intensità zero, e sta invertendo il proprio senso di circolazione. Pertanto, è precisamente questo l'istante in cui le due cosiddette 'spazzole' (i due elementi conduttori fissi che strisciano sui semianelli rotanti) devono saltare da un semianello all'altro.

La figura va quindi modificata: o facendo in modo che il piano di separazione dei due semianelli risulti verticale anziché orizzontale, oppure spostando le spazzole in modo che, anziché trovarsi al di sopra e al di sotto del collettore, si trovino a destra e a sinistra. Con la disposizione mostrata nel disegno, le spazzole si sposterebbero da un semianello all'altro nell'istante in cui, essendo il piano della spira orizzontale, il flusso magnetico concatenato al circuito è zero e sta cambiando segno, e la corrente indotta è al suo massimo valore: se ciò che interessa ottenere è una corrente unidirezionale come quella di fig. 26, è decisamente il momento meno propizio.

86 – IL MAGNETE SMASCHERATO (prima parte)

Citazioni

[A] «Estraendo una spira da un campo magnetico, si produce una corrente indotta, dovuta ad un movimento di elettroni di conduzione per effetto della forza di Lorentz. La forza di Lorentz è proporzionale alla carica $-e$ dell'elettrone, sicché il vettore $\vec{E} = \vec{F}/(-e)$ è indipendente dalla carica $-e$. Questo vettore, che ha le dimensioni di un campo elettrico è chiamato campo elettrico indotto.»
(Testo di fisica per il liceo scientifico)

[B] «Il fenomeno dell'induzione si manifesta anche quando è il magnete a muoversi rispetto al circuito. D'altra parte, se il magnete è in moto e il circuito è in quiete è evidente che sulle cariche non può agire alcuna forza magnetica, in quanto le cariche libere presenti nel conduttore sono inizialmente in quiete e pertanto $F = qvB = 0$. Esclusa la forza magnetica, che cosa agisce sulle cariche in presenza di un magnete in movimento? A questa domanda esiste una sola risposta possibile: una forza elettrica. Ciò significa che un magnete in movimento è 'visto' dalle cariche come se fosse una carica.»
(Testo di fisica per il liceo scientifico)

Commento

La proposizione [A] si rifà alla situazione già considerata dallo stesso Autore nella citazione del cap. 83 e nella relativa figura. L'argomento è insidioso, e io temo che nella testa dello studente metterà radici la seguente idea sbagliata: che l'intensità del campo elettrico indotto (quello che, nel riferimento S della spira, agisce per effetto del magnete su una data carica q) si ottiene senz'altro dividendo per q la forza che, nel riferimento M del magnete, agisce su q per effetto del campo magnetico. Vale a dire: che se, in M, la velocità di q è $\vec{v}$ e la forza su q è conseguentemente $\vec{F} = q\vec{v} \times \vec{B}$, in S si osserverà senz'altro un campo elettrico di intensità $\vec{E} = \vec{F}/q = \vec{v} \times \vec{B}$.

In realtà, il discorso funziona *solo se la spira si sposta con velocità costante, e solo finché è zero la velocità di q rispetto alla spira.* Se il moto della spira è accelerato, il riferimento S della spira non è un riferimento inerziale e quindi si osservano in S, per effetto della presenza di forze apparenti d'inerzia, forze diverse da quelle definite dalle leggi della fisica e osservate nei riferimenti inerziali (per esempio, nel riferimento M del magnete). Supponiamo dunque che il moto della spira (traslatorio e rettilineo per tacita ipotesi) sia anche uniforme, e supponiamo che la carica q abbia in S velocità zero: in tal caso, in M la velocità $\vec{v}$ di q si identifica con la velocità $\vec{V}$ della spira, e il campo elettrico visto da S ha intensità $\vec{E} = (q\vec{V} \times \vec{B})/q = $
$= \vec{V} \times \vec{B}$, proprio come l'Autore dichiara. Se invece, in M, q ha una velocità $\vec{v}$ diversa dalla velocità $\vec{V}$ della spira, in S la velocità di q è $\vec{v} - \vec{V}$, diversa da zero: e in S si nota che, a parità di posizione di q rispetto al magnete, la forza su q non è più la stessa di prima, e addirittura è *diversa per ogni diverso valore e per ogni diversa direzione della velocità di q.* Ciò significa, molto semplicemente, che, oltre alla forza di un campo elettrico $(\vec{F}_e = q\vec{V} \times \vec{B})$, in S si vede agire su q anche la forza di un campo magnetico:

$$\vec{F}_m = q(\vec{v} - \vec{V}) \times \vec{B}.$$

Si noti peraltro che, se in S si fa la somma della forza elettrica e della forza magnetica, si ottiene esattamente la forza che in M si considera puramente magnetica. Ciò che differenzia le due versioni dei fatti *non è il giudizio sul valore e sulla direzione della forza* (entrambi i riferimenti sono inerziali), *ma solo la spiegazione sull'origine della forza.*

Citazione [B]. Che un magnete in movimento sia «visto dalle cariche come se fosse una carica», appare francamente non credibile. Sarebbe vero nel caso la forza del magnete sulle cariche fosse attrattiva oppure repulsiva, e risultasse del tutto indipendente dalla velocità del magnete. Ma non è affatto così: la forza è diretta perpendicolarmente alla velocità del magnete (valutata nel riferimento delle cariche), ed è ad essa proporzionale. Il che è già più che sufficiente per smascherare il magnete, rivelandone la vera identità. Ma c'è dell'altro: c'è che il campo prodotto dal magnete è un campo non conservativo, in grado di generare una corrente elettrica in un circuito chiuso: mentre quello prodotto da una carica è conservativo, e non sarebbe mai capace di tanto[1]. Decisamente, per quanto le cariche elettriche possano essere digiune di fisica, la probabilità che un magnete venga da esse preso per una carica mi sembra minima.

87 – IL MAGNETE SMASCHERATO
(seconda parte)

Lo so, la stragrande maggioranza degli Autori è d'accordo sul fatto che, nelle circostanze considerate al punto A del precedente capitolo, l'osservatore S (l'osservatore solidale con la spira) vede un campo elettrico: un campo elettrico molto particolare, capace di produrre corrente in un circuito chiuso. E so che la conclusione è che «un magnete in movimento produce un campo elettrico non conservativo». Su tutto questo non ho voluto fin qui sollevare obiezioni: ma ora mi sembra giunto il momento di spendere una parola a difesa dell'osservatore S, la cui perspicacia non mi sembra sia stata tenuta nella giusta considerazione.

Faccio notare che S *non è un osservatore qualsiasi.* conosce la fisica, è un Fisico! Altrimenti, quale ragione ci sarebbe di preoccuparsi, in questa sede, di ciò che vede e di ciò che pensa? Le sue idee sui campi di forza non interesserebbero a nessuno.

Perciò dobbiamo aspettarci che, prima di parlare di nuova legge fisica («un magnete in movimento produce un campo elettrico non conservativo»), S ci pensi due volte: «una buona teoria non è immaginazione sfrenata, ma ragionamento cauto e caparbio»[1]. Quando, ad esempio, dovesse notare che il piano di oscillazione del pendolo sta ruotando, S non penserebbe ancora di aver scoperto un fatto nuovo: penserebbe invece che, con molta probabilità, il suo non è un riferimento inerziale. Se, in

---

[1] Analogia: una corrente idraulica lungo un percorso aperto può essere un puro effetto gravitazionale. Ma se l'acqua entra in movimento lungo un circuito chiuso, la gravitazione non c'entra: da qualche parte c'è una pompa.

[1] Film «La legge di Coulomb», corso PSSC.

macchina, si sente sospinto verso destra, non pensa subito a una deformazione del campo gravitazionale: prima controlla che la macchina non stia per caso curvando verso sinistra. E se a un certo punto, mentre l'ascensore sta viaggiando verso l'alto, ha la netta sensazione di pesare di meno, prima di pensare a un'improvvisa diminuzione della propria massa corporea preferisce credere che l'ascensore stia bruscamente rallentando.

Così, se per caso si accorge che in una spira immobile comincia a circolare corrente, prima di decidere che esistano campi elettrici capaci di produrre simili effetti S si chiede se la cosa non sia per caso spiegabile in termini di leggi fisiche già note. E siccome sa bene che l'interazione tra un magnete e una carica è legata al moto relativo tra di essi, subito conclude che, probabilmente, la spira che lui vede immobile è invece in movimento relativamente a un magnete. Dopodiché, indaga: e, se l'esistenza di un magnete in movimento con la giusta velocità è accertata, tutto rientra nella più pacifica normalità. Non è stato necessario inventare un nuovo tipo di campo elettrico: *un magnete in movimento produce, molto semplicemente, un campo magnetico in movimento.*

Ma supponiamo invece che l'osservatore S si renda conto che di magneti in giro non ce ne sono, e che nella spira la corrente comincia a circolare proprio nel momento in cui, in un circuito immobile che si trova nei paraggi, si verifica una variazione di corrente. Allora sì che avrà ragione di stupirsi! Perché un fatto come questo nessuna legge nota riesce a spiegarlo: e a questo punto l'idea nuova, l'idea che un campo elettrico non conservativo venga generato dalla non-stazionarietà di un campo magnetico, diventa non solo legittima, ma assolutamente indispensabile.

88 – NIENTE VOLT SE IL CAMPO È INDOTTO

Citazione

«Chiudendo ed aprendo l'interruttore [...] si genera tra le sferette dello spinterometro una differenza di potenziale, e quindi anche un campo elettrico indotto, variabile con la stessa frequenza delle vibrazioni dell'interruttore.

Fig. 10 – Rocchetto di Ruhm-korff. Chiudendo ed aprendo l'interruttore del circuito che alimenta una bobina avvolta su un nucleo di fili di ferro, s'induce un campo elettrico variabile tra due sferette metalliche collegate agli estremi di una bobina (secondario), ad elevato numero di spire, avvolta sullo stesso nucleo.»

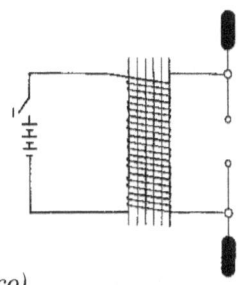

(Testo di fisica per il liceo scientifico)

Commento

Effettivamente, tra le sferette dello spinterometro compare una differenza di potenziale (ddp). Ma non può essere accettata l'idea che «quindi» compare tra le sferette un campo elettrico indotto: cioè che la ddp sia la causa, o almeno la manifestazione, di un campo elettrico indotto localizzato nello spazio tra le sferette. Che cos'è un campo elettrico 'indotto'? È il campo elettrico prodotto dalla non-stazionarietà di un campo magnetico. Ciò che lo rende profondamente diverso dal campo elettrostatico è il fatto di non essere un campo conservativo. Non essendo conservativo, l'energia potenziale non è definibile, e quindi nemmeno il potenziale elettrico: niente volt!

Nel caso del rocchetto di Ruhmkorff, pertanto, la differenza di potenziale tra le sferette dello spinterometro non può in alcun modo ricollegarsi alla presenza di un campo elettrico *indotto* «tra le sferette». È vero invece che dalla sferetta a potenziale più elevato escono, e si arrestano sulla sferetta a potenziale meno elevato, le linee di forza di un campo *elettrostatico*: quello prodotto dalle cariche elettriche accumulatesi sulle due sferette[1].

Da dove provengono tali cariche? Le spire del secondario girano attorno alle linee di un campo magnetico non-stazionario (prodotto dalla corrente che percorre il circuito primario): conseguentemente, sugli elettroni di conduzione agiscono nel secondario le forze di un campo elettrico indotto, che tendono a spostarli, lungo il circuito, verso l'una o l'altra delle due sferette (a seconda che l'interruttore sia manovrato in chiusura o in apertura). Che ogni sferetta si carichi alternativamente di segno più e di segno meno, e che una delle due sia carica di un segno quando l'altra è carica del segno opposto, a questo punto è il meno che ci si possa aspettare.

89 – I VERSI DEL CAMPO MAGNETICO

Citazione

«In base all'ipotesi di Maxwell nello spazio tra le armature del condensatore esiste un campo magnetico prodotto dal campo elettrico variabile nel tempo esistente nella stessa regione di spazio. Sono indicati i versi delle linee di forza del campo magnetico corrispondenti ai due possibili versi del campo elettrico.»

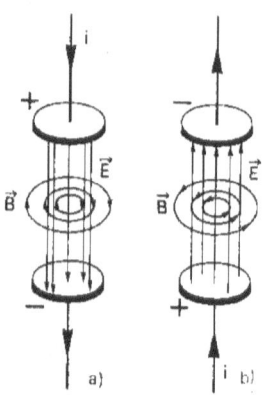

(Testo di fisica per il liceo scientifico)

Commento

Due frasi, due scivoloni. Relativamente alla prima affermazione, la domanda è questa: perché porre limiti al campo magnetico? Perché confinarlo «nello spazio tra le armature del condensatore», cioè «nella stessa regione di spazio» in cui è

---

[1] Il cosiddetto campo elettrostatico può risultare (come in questo caso) variabile nel tempo. In questo senso la qualifica di 'elettrostatico' appare alquanto impropria: sarebbe forse più opportuno parlare, come fanno alcuni Autori americani, di campo coulombiano.

localizzato il campo elettrico variabile che lo produce? In realtà, il campo magnetico prodotto dalla cosiddetta 'corrente di spostamento' (cioè dal campo elettrico variabile tra le armature) si estende all'infinito, né più né meno del campo prodotto dalla corrente 'di conduzione' che percorre il resto del circuito[1].

La seconda frase («Sono indicati i versi...») stabilisce che le possibilità sono due: o il campo elettrico è diretto verso il basso, e allora le linee del campo magnetico sono orientate come indicato in fig. a); oppure, come in fig. b), il campo elettrico è diretto verso l'alto, e allora si inverte anche l'orientamento delle linee del campo magnetico. Sfortunatamente, la faccenda è un po' più complicata: la direzione di $\vec{E}$ non definisce univocamente la direzione di $\vec{B}$. Conoscere la direzione di un campo elettrico in variazione non è ancora sufficiente per sapere come sono orientale le linee del campo magnetico che ne deriva: *occorre anche sapere se l'intensità del campo elettrico sta aumentando oppure diminuendo.* In fig. a), il fatto che le linee del campo magnetico abbiano quella data direzione non dipende solo dal fatto che il campo elettrico è diretto verso il basso, ma dal fatto che è diretto verso il basso *con intensità crescente* (come si deduce dal fatto che l'armatura superiore, carica di segno più, sta ricevendo corrente: cosicché stanno aumentando la carica q sulle armature, la differenza di potenziale $V = q/C$ tra le armature e il campo elettrico $E = V/d$ nello spazio tra le armature). Se la corrente elettrica fosse diretta verso l'alto anziché verso il basso, il campo elettrico si starebbe indebolendo, e allora le linee del campo magnetico prodotto dalla corrente di spostamento sarebbero orientate come indicato in fig. b): basti pensare che sarebbe precisamente questo l'orientamento delle linee del campo magnetico attorno ai fili. E viceversa, un campo elettrico verso l'alto [fig. b)] ma in diminuzione (corrente elettrica verso il basso) produrrebbe un campo magnetico uguale a quello di fig. a). In definitiva, le due figure mostrano in che

---

[1] All'esterno del campo elettrico dal quale è prodotto, il campo magnetico ha un'intensità B inversamente proporzionale alla distanza r dall'asse di simmetria del sistema (l'asse del cilindro costituito dalle due armature): è una conseguenza immediata della legge di Ampère-Maxwell sulla circuitazione magnetica. Se poi si assume come uniforme il campo elettrico tra le armature, si trova che all'interno del campo elettrico il campo magnetico è direttamente proporzionale alla distanza r.

modo il verso del campo magnetico corrisponde non «ai due possibili versi del campo elettrico», ma *ai due possibili versi della corrente.*

90 – IL CARATTERE DEL CORSO

Citazioni

[A] «Nello stesso anno (1932) in cui vennero scoperti i neutroni, vennero pure individuate altre particelle facenti parte dell'atomo e precisamente: il positrone, il mesone e il neutrino; recentemente si è parlato di un'altra particella: l'antiprotone. Non interessando per la loro piccolissima massa e soprattutto per la loro, almeno fino ad ora, non accertata influenza sulle normali reazioni chimiche, oggetto del nostro studio, se ne tralascia la illustrazione.»
(Testo di chimica per i licei)

[B] «Come già detto, in seguito ad approfonditi studi sono state scoperte altre particelle facenti parte del nucleo atomico e precisamente: il positrone, il neutrino, il mesone, l'antiprotone ed altri. Dato il carattere del nostro corso non è il caso di approfondire la trattazione al loro riguardo.»
(Stesso testo)

Commento

Cominciamo dalle date (citazione [A]). Il positrone è stato effettivamente osservato per la prima volta nel 1932; ma il mesone μ (muone) è stato scoperto nel '37, il mesone π (pione) con carica positiva o negativa nel '48, il mesone π senza carica nel '50, gli altri mesoni in epoca successiva; il neutrino nel '56, l'antiprotone pure nel '56. E già che ci siamo, il testo citato è del 1987: *trentun anni* dopo la scoperta dell'antiprotone, l'Autore dice «recentemente si è parlato». E, da come lo dice, non sembra ancora convinto.

Secondo. Chi fosse curioso di vedere come sono fatte queste particelle farà bene a non cercarle all'interno dell'atomo (citazione [A]) o del nucleo atomico (citazione [B]). Perderebbe il suo tempo.

Terzo. Che l'interesse di una particella sia commisurato alla sua massa (citazione [A]), è un'affermazione ardita. Ad ogni modo, non sempre la «piccolissima massa» di tali particelle è così piccola: il neutrino ha probabilmente massa zero (e quindi interesse zero, nominarlo è già troppo), ma il positrone ha la stessa massa dell'elettrone, il mesone μ ha massa 207 volte più grande di quella dell'elettrone, il mesone π ha massa 270 volte più grande, il mesone k ha massa 976 volte più grande. E l'antiprotone, neanche a dirlo, ha la stessa massa del protone (e dovrebbe essere altrettanto interessante).

Quarto. Relativamente alla «almeno fino ad ora non accertata influenza sulle normali reazioni chimiche» di tali particelle, credo proprio che il Nostro possa dormire sonni tranquilli: dove ogni influenza è da escludere, non sarà facile, in futuro, accertarne qualcuna.

Quinto. L'Autore dichiara: «dato il carattere del nostro corso non è il caso di approfondire la trattazione» dell'argomento. Be', su questo non si può non essere d'accordo: dato il carattere, non è il caso.

91 – MA NEL NUCLEO VI SONO I NEUTRONI

Citazioni

[A] «Se noi tentassimo di formare un nucleo atomico con soli protoni, questi, essendo dotati di cariche dello stesso segno (positivo), si respingerebbero e quindi il nucleo sarebbe instabile. Ma nel nucleo vi sono anche i neutroni, che non hanno una carica elettrica; i neutroni si dispongono tra i protoni, agendo quasi da isolante e rendendo stabile il nucleo dell'atomo.»
(*Testo di chimica per il liceo scientifico*)

[B] «Quanti più protoni vi sono in un nucleo, tanti più neutroni occorreranno, ma, naturalmente, la presenza di troppi neutroni rende il nucleo instabile.» (*Stesso testo*)

Commento

Chiedere ai neutroni di garantire la stabilità del nucleo atomico «agendo quasi da isolante» significa pretendere l'impossibile. Intendiamoci, i neutroni la loro parte la fanno: interponendosi tra i protoni, li allontanano l'uno dall'altro e rendono la forza elettrostatica di repulsione sensibilmente più debole: indicativamente, se tra due protoni viene interposto un neutrone la forza repulsiva tra i due diminuisce di quattro volte. Non è male: ma per tenere insieme il nucleo, ci vuol altro.

Ci vuole la cosiddetta *interazione forte*: la forza attrattiva tra le particelle costitutive del nucleo atomico, la «colla nucleare». Per distanze dell'ordine dei 10^{-15} m, l'attrazione nucleare tra due protoni[1] è circa 100 volte più forte della repulsione elettrostatica: ma, col crescere della distanza, la prima va molto rapidamente a zero mentre la seconda diminuisce molto più gradualmente. Perciò, finché i protoni sono pochi e quindi tutti molto vicini, l'attrazione nucleare ha facilmente ragione della repulsione elettrostatica. Quando però i protoni sono molti, un protone periferico viene respinto da tutti gli altri protoni, mentre viene attratto solo dai pochi protoni o neutroni contigui: via via che il numero di protoni aumenta, la situazione chiaramente diventa, dal punto di vista della stabilità, sempre più critica. E non per colpa esclusiva dei neutroni, come nella [B] si insinua[2].

Di fatto, l'interazione forte riesce a tenere insieme stabilmente al massimo 83 protoni, in ciò coadiuvata da uno stuolo di ben 126 neutroni: è il nucleo del bismuto. Nuclei con un numero più elevato di protoni esistono in natura e si possono anche produrre, ma sono tutti più o meno instabili[3]. Senza nulla voler togliere ai meriti dei neutroni, se non fosse per l'interazione forte esisterebbe nell'universo un unico tipo di atomo: un protone più un elettrone. E tutto sarebbe idrogeno.

---

[1] Uguale, a pari distanza, all'attrazione tra due neutroni, o tra un protone e un neutrone.

[2] L'instabilità nucleare è anche dovuta al principio di esclusione: tanto per i protoni quanto per i neutroni, solo alcuni livelli energetici sono disponibili, e uno stesso livello non può essere occupato che da due protoni o due neutroni (di *spin* opposto). Man mano che il numero di protoni o di neutroni aumenta, aumenta la relativa energia. Se l'energia raggiunge il valore di separazione, il nucleo è instabile.

[3] Il tempo di dimezzamento (intervallo di tempo T durante il quale la probabilità di decadimento di un nucleo è ½, cosicché la metà dei nuclei inizialmente presenti in un determinato campione subirà il decadimento entro un tempo T) può avere valori estremamente elevati: nel caso dell'uranio 238, ad esempio, vale $4,5 \times 10^9$ anni.

92 – SOLO UNA DOMANDA

Citazioni

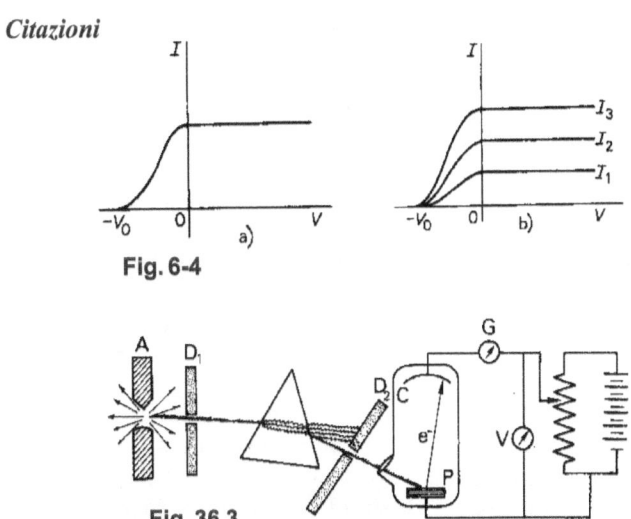

Fig. 6-4

Fig. 36.3

[A] «Figura 6-4. Effetto fotoelettrico: *a*) intensità di corrente di fotoelettroni in funzione della differenza di potenziale *V* fra catodo e collettore (radiazione incidente di intensità e lunghezza d'onda costante); *b*) intensità di corrente di fotoelettroni in funzione di *V* per valori crescenti, I_1, I_2, I_3 dell'intensità della radiazione incidente, di lunghezza d'onda costante.»

(Enciclopedia scientifica)

[B] «Figura 36.3. Apparecchiatura per studiare l'effetto fotoelettrico.»

(Testo di fisica per il liceo scientifico)

[C] «Le energie cinetiche degli elettroni espulsi da una superficie fotoemissiva [...] saranno in realtà distribuite su un intervallo, perché gli elettroni liberati al disotto della superficie sono soggetti a urti e perdono energia prima di emergere. Nota: è più importante il fatto che gli elettroni più interni di un atomo richiedono, per essere rimossi, un'energia maggiore di quella richiesta dagli elettroni esterni.»

(Testo preuniversitario americano)

Commento

Punto [A]. Come si vede, la figura *a* non rappresenta un episo-
dio isolato, un disguido momentaneo: la figura *b* ne riprende ed
amplifica, moltiplicandolo per tre, il messaggio (e lo stesso fa
una figura *c* qui non riprodotta). Così, il lettore si persuade definitivamente che la corrente raggiunge il valore di saturazione
già per $V = 0$, cioè quando è zero il potenziale dell'elettrodo
collettore rispetto all'elettrodo fotosensibile. In realtà, solo per
potenziali di valore positivo sufficientemente elevato *tutti i* fotoelettroni emessi riescono a raggiungere il collettore. Per valori
inferiori, alcuni elettroni (in numero via via crescente al diminuire del potenziale) vengono ostacolati e ricacciati indietro dagli elettroni che li hanno preceduti. Se poi il potenziale scende
al valore negativo d'arresto (o 'di interdizione'), nessun elettrone, neanche il più veloce tra quanti sono stati emessi, riesce
a raggiungere il collettore. L'andamento corretto delle curve si
ottiene dalle due figure spostando verso sinistra l'asse delle ordinate, in modo che intersechi l'asse delle ascisse più o meno a
metà strada tra il punto che rappresenta il potenziale d'arresto
$(-V_0)$ e il punto indicato con O.

Punto [B]. Lo schema è più abbondante e completo di quanto
non usi, perché dà anche un'idea di come sia possibile far arrivare sulla placca metallica fotosensibile una radiazione mono-
cromatica (costituita cioè da un campo di frequenze molto ristretto). Tuttavia, con un impianto di tal genere non si va lontano, essendo impossibile portare il potenziale del collettore C
rispetto alla placca P a valori negativi. Occorre una piccola mo-
difica al circuito elettrico: la placca P va collegata non al-
l'estremo inferiore del reostato, ma in una posizione intermedia
tra i due estremi.

Punto [C]. Solo una domanda sommessa al pur bravo Autore:
*ma gli elettroni implicati nella vicenda non sono per caso gli
elettroni di conduzione?*

93 – L'ELETTRONE È COME UN'ONDA

Citazioni

[A] «Ma in realtà l'elettrone è anche un'onda, che non ha massa, né volume, né velocità. È un'onda che non si propaga in linea retta, ma secondo un circolo.»
(Testo di chimica per il liceo scientifico)

[B] «L'elettrone è contemporaneamente una particella e un'onda elettromagnetica.»
(Stesso testo)

Commento

Per qualcuno sarà una delusione: ma la verità è che la natura ondulatoria dell'elettrone non implica affatto che un elettrone sia un'onda. Implica invece che l'elettrone non può essere localizzato se non in termini statistici, o di probabilità: la probabilità di trovare l'elettrone in una data posizione è legata all'ampiezza che in quel punto dello spazio assume l'onda associata. Ma attenzione, nulla è *fisicamente* associato all'elettrone: l'onda è solo una nostra rappresentazione, un dispositivo matematico utile a render conto di un certo comportamento.

Che poi l'elettrone-onda non abbia massa o volume o velocità, è un'affermazione da togliere il fiato: andrebbe somministrata con cautela, e solo a un pubblico di adulti. E ancora: nel caso a cui l'Autore si riferisce – quello di un elettrone atomico – l'onda non si propaga né secondo una retta, né «secondo un circolo»: non si propaga proprio, è un'onda stazionaria.

Ma non meno devastante è l'idea (citazione [B]) che l'elettrone sia «un'onda elettromagnetica». L'onda elettromagnetica è una realtà fisica, mentre l'onda associata all'elettrone è un concetto matematico. L'onda elettromagnetica è radiazione, l'elettrone è materia. L'onda non possiede carica elettrica, l'elettrone invece sì. E si consideri la velocità di propagazione nel vuoto: quello che per l'onda elettromagnetica è obbligatorio, per la materia è proibito. Perché la velocità dell'onda elettromagnetica è invariabilmente uguale a c in qualsiasi riferimento inerziale: quella dell'elettrone invece, diversa nei diversi riferimenti, può assumere solo ed esclusivamente valori inferiori a c. Qualcuno, all'inizio del secolo scorso, ci ha spiegato perché.

94 – L'UNIONE FA IL NEUTRONE

Citazione

protone + elettrone = neutrone

«Un neutrone è dato dall'unione di un protone e di un elettrone; data la esiguità del peso di un elettrone rispetto al protone, un neutrone pesa quasi quanto un protone [...].»
(Testo di chimica per la media superiore)

Commento

La prima edizione del testo è del 1980, e possiamo anche ammettere che l'idea dei quark non fosse matura per comparire in un testo di chimica[1]. Ma l'ultima edizione è recentissima, e, a parte un diverso giro di parole, il concetto viene qui ribadito: anzi, per meglio rendere l'idea, è stato aggiunto il disegnino. E in ogni caso, quark o non quark, già da diverse decine di anni alcuni principi fondamentali della fisica moderna rendono assolutamente improponibile l'ipotesi che il neutrone sia costituito da un protone più un elettrone[2].

Primo. Un neutrone non pesa «quasi quanto un protone», ma *più* di un protone: e il punto è che la sua massa è addirittura superiore alla somma della massa di un protone con la massa di un elettrone. Se il neutrone fosse realmente costituito da un protone più un elettrone, la sua massa sarebbe invece *inferiore* alla somma delle due masse[3]: la differenza Δm ('difetto di massa') moltiplicata per c^2 (c è la velocità della luce nel vuoto) rappresenterebbe l'*energia di legame* (l'energia strettamente neces-

---

[1] Un protone ha struttura *uud:* cioè è costituito da due quark di tipo *up* (*u*), aventi carica positiva pari a 2/3 di quella del protone, e da un quark di tipo *down* (*d*), avente carica negativa pari a 1/3 di quella dell'elettrone. Il neutrone ha invece struttura *udd:* un quark *up* più due quark *down.*

[2] Il fatto che un neutrone libero decada in un protone, un elettrone e un antineutrino ($n \rightarrow p + e^- + \bar{\nu}_e$) non significa affatto che in un neutrone coabitino le tre particelle.

[3] Esattamente come accade per l'atomo di idrogeno, costituito per l'appunto da un protone e un elettrone.

saria per scindere il sistema).

Secondo. A norma del principio di Heisenberg, l'indeterminazione Δx relativa alla posizione moltiplicata per l'indeterminazione Δp_x relativa alla quantità di moto non può essere inferiore ad h (costante di Planck) diviso 2π (o anche, in una formulazione meno restrittiva, diviso 4π):

$\Delta x \Delta p_x \geq h/2\pi$. Se veramente un neutrone contenesse un elettrone, l'elettrone sarebbe localizzato con enorme precisione: $\Delta x \cong 10^{-15}$ m. La sua quantità di moto sarebbe allora indeterminata entro un intervallo $\Delta p \cong 10^{-19}$ kg·m·s^{-1}: e dunque, nell'espressione relativistica dell'energia totale, $E^2 = p^2 c^2 + m^2 c^4$, il primo termine a secondo membro potrebbe arrivare a 10^{-21} J, un valore rispetto al quale il valore del secondo termine ($\cong 10^{-26}$ J) sarebbe del tutto trascurabile. In tal caso sarebbe quindi $E \cong pc \cong 10^{-10,5}$ J, e per l'energia cinetica (energia totale meno energia di quiete) avremmo $EC = E - mc^2 \cong 10^{-10,5}$ J, un ordine di grandezza 100 volte superiore a quello dell'energia cinetica di fuga (lavoro resistente dell'attrazione elettrostatica per uno spostamento dell'elettrone fino a distanza infinita[4]). L'ipotetico sistema protone più elettrone non avrebbe lunga vita!

Terzo. Il protone ha spin 1/2, l'elettrone ha spin 1/2, il neutrone ha spin 1/2 [5]. Ebbene, due particelle aventi spin 1/2 non possono legarsi insieme in una particella avente ancora spin 1/2. Le leggi della meccanica quantistica lo vietano: e non si fanno eccezioni.

95 – QUALCHE VOLTA NON VALE (seconda parte)

Citazione

«La validità del 3° principio è generale; esso è valido in qualsiasi interazione, anche se questa non implica necessariamente un contatto.»

(Testo di fisica per i licei scientifici)

Commento

Al cap. 24 avevo espresso qualche non velato dissenso con l'Autore ivi citato, ma qui devo dire che almeno un merito gli

---

[4] $L = - (9 \times 10^9) [(1,6 \times 10^{-19})^2 / 10^{-15}]$ J $\cong 10^{-13}$ J.
[5] Cioè il momento angolare intrinseco è uguale a ½ $h/2\pi$.

deve essere riconosciuto, e non è un merito da poco: quello di avere bene o male sensibilizzato il lettore all'idea che il principio d'azione e reazione non è affatto una legge sacra di natura: *può valere, può non valere.* Newton non poteva saperlo, ma per noi è decisamente una vecchia storia: e la cosa straordinaria è che quasi tutti gli Autori (anche quelli universitari) trascurano di darne notizia al lettore, quasi fosse un dettaglio marginale o una faccenda un po' sconveniente. Alcuni anzi, come si vede dalla proposizione sopra riportata, giocano d'anticipo: e prima ancora che il lettore possa porsi qualche strano interrogativo si premurano di dargli le più ampie rassicurazioni.

Consideriamo un oggetto A carico di elettricità, e un oggetto B privo invece di carica. Se B viene elettrizzato, risente immediatamente della forza (attrattiva o repulsiva che sia, in dipendenza dai segni delle cariche) proveniente dalla carica A, dato che già in partenza si trova nel campo elettrico da essa prodotto. Viceversa, la carica A non 'si accorge' dell'esistenza di una nuova carica fino a che il campo elettrico da tale carica prodotto non si è propagato fino ad A: per un tempo brevissimo dopo l'elettrizzazione di B, c'è, per così dire, l'azione, ma non c'è la reazione. Se poi, a un dato istante, l'oggetto A viene spostato, la forza di B su A cambia istantaneamente in valore e/o in direzione, mentre la forza di A su B resta uguale fino a che la perturbazione prodotta, nello spazio, dallo spostamento di A, non si è propagata fino a B.

Ma c'è ben altro: c'è che, in generale, *le forze magnetiche tra particelle cariche non sono né uguali in modulo, né opposte in direzione.* Supponiamo che, a un dato istante, la carica positiva q' (figura) stia viaggiando lungo la retta orizzontale x verso la

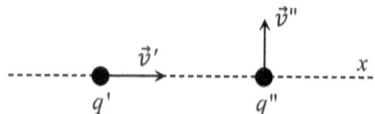

carica positiva q'', la quale sta invece attraversando l'asse x con velocità diretta verticalmente verso l'alto. In tale istante, nel punto in cui si trova q' il campo magnetico prodotto da q'' è diretto perpendicolarmente alla pagina verso il lettore, mentre nel punto in cui si trova q'' il campo magnetico prodotto da q' ha intensità zero. Conseguentemente, la forza magnetica di q''

su q' è diretta verticalmente verso il basso, mentre la forza magnetica di q' su q'' è esattamente zero.

Qualcuno direbbe: il principio di azione e reazione non vale «in presenza di effetti relativistici». In effetti, che le perturbazioni di un campo elettrico viaggino con velocità finita è in accordo col ben noto principio relativistico secondo il quale nessuna informazione o segnale può viaggiare con velocità superiore a c. Quanto alle forze magnetiche, sono un effetto relativistico nel senso che possono essere considerate conseguenza diretta dei tre presupposti seguenti: la legge di Coulomb sull'interazione elettrostatica, l'invarianza relativistica della carica elettrica[1], la contrazione relativistica delle lunghezze[2].

96 – OTTO E MEZZO

Citazioni

[A] «Quando noi vediamo il Sole apparire all'orizzonte in realtà esso vi si trovava già da otto minuti e mezzo; quando esso tramonta all'occidente noi lo vediamo per ben otto minuti e mezzo ancora, mentre effettivamente è già scomparso dietro l'orizzonte! sembra strano ed è un po' inverosimile, lo so. Eppure è così. Difatti la luce impiega otto minuti e mezzo per arrivare dal Sole sulla Terra.»
(P. Karlson, *La fisica di Karlson*, Hoepli 1937)

[B] «Osservando un orologio da lontano, mediante la televisione, ad esempio, dobbiamo sempre ricordare che ciò che vediamo all'istante è realmente avvenuto anteriormente, così come guardando il calar del Sole vediamo l'evento otto minuti dopo che si è prodotto.»
(A. Einstein e L. Infeld, *L'evoluzione della fisica*, Boringhieri 1980)

Commento

Per una volta, credo sia doveroso dire tutto: anche i nomi degli Autori delle frasi incriminate. Passi, in effetti, per Karlson (il cui libro ha peraltro goduto in passato di grande credito, ancora

---

[1] Il valore di una carica elettrica è indipendente dalla sua velocità.

[2] Se un oggetto si sposta in direzione x con velocità v, parallelamente a x le sue dimensioni sono ridotte secondo un fattore $\sqrt{1 - (v^2/c^2)}$

oggi qualcuno lo addita come un modello didattico), ma Infeld e soprattutto Einstein sono nomi talmente grossi, talmente al di sopra di ogni sospetto che il caso si propone come clamoroso: possibile che abbiano sbagliato? La questione è stata affrontata diversi anni fa, su una rivista di fantascienza[3], in un articolo intitolato *Un errore di Einstein?* a firma P. Ambrosini. La tesi è questa: Karlson e Einstein-Infeld avrebbero ragione «se fosse il Sole a girare attorno alla Terra, e se l'occultamento del Sole avvenisse alla distanza del Sole stesso (ossia a 150 milioni di km dalla Terra)». Nell'interessante articolo vengono anche riportate, allo scopo di dimostrarne l'inconsistenza, alcune argomentazioni di sostenitori della tesi contraria (quella di Karlson e di Einstein-Infeld). Per esempio, il «direttore di una notissima rivista tecnica e autore di libri di matematica superiore» scrive: «Che la Terra giri attorno al Sole o viceversa, il fatto non ha importanza agli effetti del quesito: ciò che conta è la distanza fra i due corpi [...]. Credo dunque che Karlson ed Einstein abbiano ragione».

Al che Ambrosini replica: «Che la Terra giri attorno al Sole o viceversa, *ha importanza* agli effetti del quesito [...]. Se si muovesse il Sole noi vedremmo la sua posizione di otto minuti prima, dato invece che si muove la Terra noi vediamo il Sole nella sua reale posizione. Lei ha affermato: "Se il Sole che era sotto l'orizzonte [...] fora a un dato istante il nostro orizzonte, è proprio come se si accendesse una luce a 150 milioni di km e la sua luce, per percorrere quella distanza, impiega circa otto minuti". Se la distanza di 150 milioni di km si riferisse all'orizzonte, allora sì. Ma logicamente Lei si riferisce al Sole, e allora no, altrimenti io dovrei vedere il Sole col ritardo di otto minuti anche quando apro la finestra. L'orizzonte e la finestra si trovano a distanze (in tempi-luce) impercettibili ai nostri sensi. L'orizzonte (supposto a 30 km) si trova a 100 microsecondi-luce di distanza.»

Chi ha ragione? Ha ragione Ambrosini, che però riesce ad avere nello stesso tempo anche torto. Ha ragione quando dice che il Sole tramonta nel momento in cui lo vediamo tramontare, e non otto minuti prima. Ha torto quando fa dipendere questo dal fatto che è la Terra che gira attorno al Sole: qui ha ragione

---

[3] *Nova Sf*, n. 4 del gennaio 1968.

il direttore della rivista tecnica, agli effetti del quesito la cosa non ha importanza. Per quale motivo? In linea generale, il movimento del Sole rispetto alla superficie terrestre è dovuto sia alla rotazione della Terra attorno al Sole (moto di rivoluzione) che alla rotazione della Terra su sé stessa. Tuttavia, il moto diurno del Sole rispetto all'osservatore terrestre è dovuto quasi esclusivamente al moto di rotazione: *all'alba e al tramonto di ogni giorno tutto in pratica va, dal punto di vista dell'osservatore terrestre, come se il moto della Terra attorno al Sole non esistesse.*

Dov'è allora realmente il Sole quando noi, al tramonto, lo vediamo toccare la linea dell'orizzonte? Esattamente (o quasi) dove lo vediamo, come se la velocità della luce fosse infinita. La differenza sta in questo: se la velocità della luce fosse infinita, gli ultimi raggi del sole al tramonto verrebbero emessi nell'istante stesso in cui noi li riceviamo, e cioè proprio quando il Sole è all'orizzonte; dato invece che la velocità della luce è *c*, i raggi che noi osserviamo mentre il Sole tramonta sono stati emessi otto minuti prima, quando ancora il Sole non toccava l'orizzonte (fig. 1/*a* e1/*b*).

Fig. 1/*a* – Mancano otto minuti al tramonto, in questo istante partono dal Sole – che è ancora al di sopra dell'orizzonte – gli ultimi raggi che potranno essere osservati.

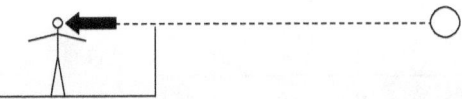

Fig.1/*b* – Sono passati otto minuti, i raggi che il Sole ha emesso otto minuti fa sono giunti all'osservatore. Il Sole adesso tocca la linea dell'orizzonte.

Dunque è vero: dire che, quando vediamo il Sole al tramonto, il Sole è già tramontato da otto minuti, equivale a dire che, se chiudiamo le imposte, continuiamo a ricevere luce per altri otto minuti. E anche, per analogia, che se si mette a piovere e apriamo l'ombrello, noi continueremo a ricevere pioggia per almeno un paio di minuti, il tempo impiegato dalle gocce d'acqua a spostarsi dalle nubi fino a noi...

Ma torniamo all'inquietante domanda iniziale: *è mai possibile che, su questo modesto problemino, scienziati del calibro di un Einstein e di un Infeld si siano sbagliati?*

Risposta: non se ne parla proprio. Nell'edizione originale dell'*Evoluzione della fisica* (Simon and Schuster, New York 1938), firmata dal solo Einstein, troviamo scritto: «Dobbiamo sempre ricordare che quello che noi vediamo adesso è in realtà avvenuto in precedenza, proprio come riceviamo la luce del Sole otto minuti dopo che è stata emessa»[1]. Nessun accenno, come si vede, alla faccenda del Sole al tramonto! Nell'edizione inglese del 1966, curata da Infeld (Einstein era morto da undici anni), nulla è cambiato nel testo rispetto alla versione originale[2]. Dunque, *né Einstein, né Infeld si sono mai sognati di affermare quanto risulta dalla traduzione italiana*: l'idea della visione del Sole che si prolunga di otto minuti e passa dopo il tramonto è, per così dire, un abbellimento postumo, un parto grazioso della libera fantasia del traduttore – o, più precisamente, della traduttrice. Suggestionata da Karlson? Chissà.

---

[1] «We have always to remember that what we see now really happened earlier, just as we receive light from the sun eight minutes after it was emitted.»

[2] Nella prefazione alla nuova edizione, Infeld precisa di non avere voluto cambiare neanche una parola del testo originale di Einstein. Infeld si limita in effetti a puntualizzare nella prefazione alcuni aggiornamenti di fisica avvenuti negli anni tra la prima e seconda edizione, quali l'osservazione della precessione del perielio anche per altri pianeti oltre a Mercurio, la produzione di elementi transuranici, l'osservazione della diffrazione di un singolo elettrone, ecc.

97 – QUELLA DI LORENTZ È MEGLIO

Citazione

«Ma esiste anche una seconda grossa difficoltà che possiamo illustrare con un semplice esempio. Un filo conduttore rettilineo è carico positivamente (fig. *a*). Una carica positiva Q è in riposo rispetto al filo e all'osservatore. Il campo elettrico creato dal filo esercita una forza repulsiva $\vec{F}_1$ sulla carica Q. Supponiamo ora che l'osservatore si sposti parallelamente al filo con velocità $\vec{v}$ costante (fig. *b*). Egli osserva ancora la forza $\vec{F}_1$ ma nello stesso tempo vede una corrente elettrica che percorre il filo nel senso opposto a quello del suo movimento e vede la carica Q che si sposta nella stessa direzione della corrente. Egli osserverà dunque che tra carica e filo si eserciterà anche una forza magnetica che, conformemente alle regole note, è una forza attrattiva $\vec{F}_2$ di senso opposto ad $\vec{F}_1$. L'osservatore in movimento uniforme misura così una forza $\vec{F}_1-\vec{F}_2$ inferiore a quella misurata dall'osservatore immobile rispetto al filo e alla carica. Le leggi dell'elettromagnetismo, in questo caso, sembrano quindi essere diverse se riferite a due sistemi di riferimento inerziali (cioè animati da una velocità relativa costante). Ma questo fatto è in netto contrasto con quanto avevamo ripetutamente affermato enunciando il principio di relatività galileiana per la meccanica, secondo il quale le leggi della dinamica sono uguali nei diversi sistemi inerziali.»

(Testo di fisica per il liceo scientifico)

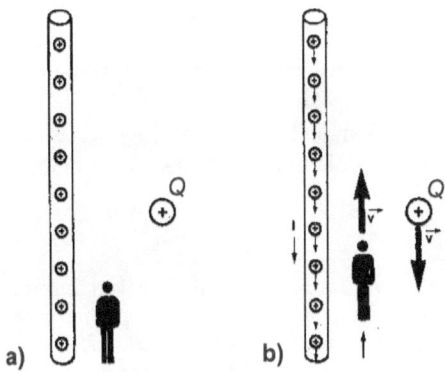

a)   b)

198

Commento

La dichiarazione secondo la quale due sistemi di riferimento sono inerziali se sono «animati da velocità relativa costante» potrebbe dare adito a qualche fraintendimento[1]. Ed è probabile che il lettore attento ai particolari si chieda per quale ragione il filo carico debba proprio essere un filo conduttore, e perché mai l'osservatore in movimento debba vedere «una corrente che percorre il filo», cioè un filo immobile e delle cariche in moto lungo il filo, piuttosto che un filo carico in movimento. In fig. 2, tra l'altro, c'è un evidente eccesso di segnaletica: se ci poniamo nel riferimento del filo e della carica Q vediamo solo il movimento dell'osservatore (frecce verso l'alto), se ci poniamo invece nel riferimento dell'osservatore vediamo solo il movimento del filo e della carica (frecce verso il basso). Ma sono quisquilie.

L'insidia vera si annida nelle parole «le leggi dell'elettromagnetismo... sembrano quindi essere diverse» ecc. ecc., dove si insinua che i due osservatori devono assolutamente andare d'accordo nella valutazione di una forza altrimenti le leggi della fisica sono diverse nei due riferimenti e il principio di relatività è violato. Non è vero, il conflitto col principio di relatività non esiste: le forze risultano diverse *proprio perché, in ossequio al principio di relatività, si sono usate le stesse leggi*. Dove sta, allora, il problema? Sta nel fatto che, a norma delle equazioni di trasformazione classiche[2], i due osservatori dovrebbero vedere non solo masse uguali, ma anche accelerazioni uguali, e quindi in definitiva forze uguali. Dal che discende che, contrariamente a quanto accade in meccanica, in elettromagnetismo non è possibile obbedire a due padroni: se obbediamo al principio di relatività, ci troviamo automaticamente in conflitto con la trasformazione classica.

In effetti, applicando la trasformazione di Lorentz e applicando le leggi dell'elettromagnetismo in entrambi i riferimenti

[1] Anche due osservatori non inerziali potrebbero essere «animati da velocità relativa costante». È meglio inoltre specificare che la velocità costante è quella di un moto di traslazione rettilineo.
[2] Le equazioni che secondo Galileo mettono in relazione le coordinate di posizione e tempo di un dato evento nei due riferimenti.

si trova[3] che *i due osservatori misurano davvero forze diverse*: l'osservatore in quiete (rispetto al filo) misura una forza F_1, l'osservatore in moto misura una forza $F_2 = F_1 \sqrt{1 - v^2/c^2}$, minore di F_1[4].

Allora è proprio vero: il diverso giudizio sul valore della forza rappresenta *non una violazione, ma una conseguenza* del principio di relatività. E l'esempio proposto dall'Autore dimostra una cosa sola: che la trasformazione di Galileo, in base alla quale le forze sono 'invarianti' (uguale valore e uguale direzione in tutti i riferimenti inerziali), funziona, come tutta la fisica non relativistica e non quantistica, solo entro limiti[5]. Nel dubbio, meglio usare la trasformazione di Lorentz!

---

[3] Detta d la distanza tra carica e filo, l'osservatore fisso vede solo una forza repulsiva elettrostatica di valore $F_1 = qE = q\lambda/(2\pi d\varepsilon_0)$ (λ è la densità lineare di carica sul filo, espressa in coulomb a metro). A causa dell'invarianza della carica e della contrazione delle lunghezze, l'osservatore mobile vede una densità di carica
$\lambda' = \lambda/\sqrt{1 - v^2/c^2}$, e quindi una forza repulsiva elettrostatica
$F' = F_1/\sqrt{1 - v^2/c^2}$ (più grande, si noti, di quella prevista dalla trasformazione di Galileo). In più vede una corrente elettrica di intensità $I = v\lambda' = v\lambda/\sqrt{1 - v^2/c^2}$, e una carica q che si muove con velocità v parallelamente alla corrente: e quindi osserva una forza magnetica attrattiva di valore $F_2 = qvB = qv\mu_0 I/(2\pi d) =$
$= qv\mu_0 v\lambda/(2\pi d\sqrt{1 - v^2/c^2})$. Perciò secondo l'osservatore mobile la forza complessiva su q è $F' - F_2$. Sostituendo, raccogliendo a fattor comune e tenendo conto che $\varepsilon_0\mu_0 = 1/c^2$ si ottiene in definitiva
$F' - F_2 = F_1\sqrt{1 - v^2/c^2}$.

[4] Questo risultato è in accordo con la seguente regola di trasformazione più generale: se un osservatore inerziale K vede una forza $\vec{F}$ agire su una particella P in quiete, un osservatore inerziale che rispetto a K trasla parallelamente a $\vec{F}$ vede agire su P una forza uguale a quella vista da K, mentre un osservatore che rispetto a K trasla perpendicolarmente a $\vec{F}$ vede agire su P una forza ridotta per un fattore $\sqrt{1 - v^2/c^2}$.

[5] Basti pensare che, in accordo col senso comune ma in totale disaccordo con l'esperienza, prescrive che la velocità della luce nel vuoto sia diversa nei diversi riferimenti inerziali.

98 – UN BELL'APPROSSIMARE

Citazione

«Einstein mostrò che la massa di un corpo doveva ritenersi variabile con la velocità secondo l'equazione

(22) $m = m_0/\sqrt{1 - v^2/c^2}$ [...]. $m_0 =$

A mezzo dell'analisi infinitesimale si può dimostrare che la (22) può assumere la forma approssimata

(23) $m \sim m_0 + \frac{1}{2} m_0 v^2/c^2$.

Dalla (23), moltiplicando ambo i membri per c^2, si ottiene

(25) $E = m_0 c^2 + \frac{1}{2} m_0 v^2$.

La (25) mostra che l'energia totale di un corpo in moto con velocità v è uguale alla somma dell'energia a riposo e dell'energia cinetica nella forma classica. Come la (23), anche la (25) è una formula approssimata.»

(Testo di fisica per il liceo scientifico)

Commento

In realtà, il concetto di massa relativistica, e cioè di massa che cresce con la velocità, nato con Einstein ma in seguito sottoposto a critica già dallo stesso Einstein, sta scomparendo. Si ritiene più corretto considerare la massa come invariante, e spostare sulla quantità di moto $\vec{p}$ la tendenza a infinito per v tendente a c attraverso la definizione $\vec{p} = \gamma m \vec{v}$, dove $\gamma = 1/\sqrt{1 - v^2/c^2}$.

Conseguentemente, per una particella libera di massa m l'energia di quiete è $E_0 = mc^2$, l'energia totale a velocità v è $E = \gamma mc^2$, l'energia cinetica (energia totale meno energia di quiete) è $EC = (\gamma - 1) mc^2$.

Ma sorvoliamo su tutto questo, e torniamo alle formule proposte dall'Autore. Relativamente alle quali il commento non può che essere questo: va bene l'approssimazione, ma qui c'è qualcosa che non funziona. Prendiamo ad esempio la (23): che cosa ci dice? Ci dice che, se la velocità tende a c, la massa tende pressappoco a $1,5\,m_0$... Che è un bell'approssimare, se si considera che, quando la velocità tende a c, la massa, in base alla (22), dovrebbe tendere a infinito.

In effetti, manca del tutto nel discorso (sia nelle prima edizione del testo, sia nelle successive, l'ultima delle quali recentissima) una piccola precisazione: che «a mezzo dell'analisi infinitesimale si può dimostrare» ecc. ecc. *solo ed esclusivamente a velocità non-relativistiche,* cioè solo quando il rapporto v/c è molto inferiore a 1. In tale ambito le formule della meccanica relativistica si riducono notoriamente (con sollievo di tutti) a quelle della meccanica classica. La (22), ad esempio, diventa $m = m_0$, il che libera la massa da qualsiasi possibile influsso della velocità. E la formula relativistica per l'energia cinetica, $EC = (\gamma - 1)mc^2$, diventa $EC = \frac{1}{2}mv^2$, recuperando un aspetto decisamente più familiare.

E alle velocità relativistiche? Alle velocità relativistiche, formule come la (23) e la (25) forniscono risultati che, con tutta la buona volontà, non è possibile definire approssimati: sono disastrosamente errati.

99 – IN MANCANZA DI ERRORI

Questo è un capitolo diverso, perché non segnala errori veri e propri (le citazioni provengono da testi universitari americani di assoluto prestigio), ma 'solo' ambiguità e reticenze: e cioè quanto, in mancanza di errori, serve comunque a complicare terribilmente la vita allo studente riguardo a un argomento – la relatività ristretta – già di suo poco intuitivo, e propizio agli equivoci come forse nessun altro.

1. «L'idea fondamentale che l'energia è equivalente alla massa si può estendere, includendo altre forme di energia oltre la cinetica.»

Qui dunque si attribuisce massa all'energia cinetica: si adotta, in altre parole, l'idea di *massa relativistica,* di massa che aumenta con la velocità. Tant'è che subito dopo l'Autore scrive: «Per esempio, quando comprimiamo una molla fornendole un'energia potenziale elastica U, la sua massa aumenta e passa da m_0 a $m_0 + U/c^2$». Dove, come si vede, la massa della molla viene indicata con m_0, e non semplicemente con m, per evidenziare il fatto che si parla non di massa in generale, ma della massa di un oggetto in quiete. Fino a una ventina d'anni fa questa concezione era normalmente proposta in quasi tutti i testi di miglior livello[1], ma è giunto il momento di prendere atto che, tra gli specialisti del settore, di massa che cresce con la velocità non parla più nessuno: la massa è oggi a tutti gli effetti una quantità invariante, il termine 'massa di quiete', (o 'di riposo') e il simbolo m_0 vanno rimossi dai libri di testo (e annoverati, per chi ha una certa età, tra i ricordi di gioventù).

In questa linea di pensiero, dire, come continuamente si fa, che «l'energia è equivalente alla massa» (o che «all'energia è associata massa») è abbastanza pericoloso: è vero e non è vero. È vero ad esempio se pensiamo all'energia di quiete, perché l'energia di un oggetto in quiete (macro o microscopico che sia) è in effetti commisurata alla sua massa ($E_0 = mc^2$); non è vero invece se pensiamo all'energia cinetica, perché la massa di una particella o di un corpo non cresce con la sua velocità; e tuttavia è vero anche con riferimento all'energia cinetica, perché la massa di un qualsiasi sistema di particelle è proporzionale al suo contenuto di energia, e dipende quindi anche dalla velocità 'interna' delle particelle[2].

2. «Affinché l'energia sia conservata in questo istante intermedio, bisogna assegnare alla radiazione una massa $m = E_0/c^2$.» L'istante intermedio di cui si parla è un istante successivo all'annichilazione di una coppia elettrone/positrone (con emissione di radiazione elettromagnetica), e precedente all'assorbimento della radiazione da parte della materia. La minaccia dell'Autore è terribile: se non assegniamo massa alla radiazione emessa, salta la conservazione dell'energia. Per fortuna non è così, quello che occorre affinché l'energia sia conservata è che all'energia della radiazione corrisponda un'uguale energia complessiva di quiete delle due particelle scomparse: come in effetti si trova, se si misura l'energia della radiazione e si calcola l'energia delle due particelle con la relazione $E_0 = mc^2$ (il risultato è in entrambi i casi 1,022 MeV). Attribuire una massa alla radiazione potrebbe semmai servire a conservare la massa: ma il

---

[1] Si pensi solo alle celeberrime *Lectures on Physics* di Feynman.

[2] La velocità, cioè, delle particelle in un riferimento in cui l'oggetto in questione appare fermo. Ad esempio, l'energia di quiete di una massa gassosa aumenta (e quindi aumenta la sua massa $M = E_0/c^2$) se il gas viene riscaldato, perché le sue molecole, *la cui massa è rimasta invariata*, sono ora mediamente più veloci. Il che mostra tra l'altro che in relatività la massa non è additiva.

punto è che se scriviamo, come opportunamente fa l'Autore stesso, $E_0 = mc^2$ piuttosto che $E = mc^2$ (o $E_0 = m_0 c^2$), significa che la massa relativistica è stata ripudiata. E allora non si scappa: dato che i fotoni hanno velocità c la loro massa è zero[3]: *la radiazione è priva di massa*. E la conservazione dell'energia non corre alcun pericolo.

3. «In un sistema isolato di particelle l'energia totale relativistica rimane costante.»

Di per sé, è una verità sacrosanta. Il guaio è che l'Autore fa esplicito riferimento a particelle *che interagiscono*, e che ha appena dichiarato che l'energia relativistica di una particella è la somma dell'energia di quiete e dell'energia cinetica. E a questo punto si può scommettere che, quali che fossero le intenzioni dell'Autore, quello che entra nella testa dello studente è che sommando l'energia di quiete e l'energia cinetica di tutte le particelle del sistema si ottiene una quantità che, se il sistema è isolato, si conserva. Purtroppo, in un sistema di particelle *che interagiscono* ciò è falso: l'energia totale del sistema (quella che, se il sistema è isolato, si conserva) include anche l'energia potenziale di interazione. Se, per esempio, due particelle si attraggono (in assenza di interazioni con altre particelle, così il sistema è isolato), l'energia relativistica di entrambe aumenta man mano che le particelle si avvicinano, perché aumenta l'energia cinetica senza che cambi l'energia di quiete. Ciò nonostante, l'energia del sistema resta invariata, perché, nel sistema, l'energia potenziale diminuisce di tanto quanto aumenta l'energia cinetica.

E qui siamo al passaggio più critico: il fatto di dover associare massa all'energia potenziale è, per lo studente che cerca di chiarirsi le idee, motivo di interrogativi laceranti. Per esempio: come è possibile che la massa associata all'energia potenziale sia univocamente definita se, come mille volte gli è stato ripetuto, l'energia potenziale è definita a meno di una costante additiva? Anche per la massa, allora, vale un discorso analogo? Oppure:

---

[3] Se si usa la massa relativistica l'energia di una particella è $E = mc^2$, perciò un fotone di energia E ha massa E/c^2. Se invece la massa è invariante, l'energia di una particella è

$E = mc^2/\sqrt{1 - v^2/c^2}$, da cui $m = (E/c^2)\sqrt{1 - v^2/c^2}$.

Per $v = c$, la massa è zero.

che cosa succede quando l'energia potenziale è negativa? Le assegniamo una massa negativa? Dubbi che si squaglierebbero come neve al sole se i manuali scolastici si prendessero la briga di precisare: primo, che l'energia potenziale di cui qui si parla è valutata con riferimento a una ben precisa configurazione del sistema, quella di non-interazione (grande distanza tra le particelle interagenti); secondo, che in tal modo un valore negativo dell'energia potenziale (si pensi al caso di due particelle dotate di cariche elettriche di segno opposto) è semplicemente il corrispettivo della minor energia contenuta nel campo risultante rispetto all'energia complessiva dei campi prodotti dalle singole particelle[4]. Il calcolo matematico non è proprio elementare: ma il risultato è questo, ed è bello saperlo.

---

[4] La densità di energia nei punti di un campo è proporzionale al quadrato dell'intensità di campo. Nel caso di due cariche puntiformi di segno opposto, il quadrato E^2 del modulo del campo risultante è *inferiore* alla somma $E_1^2 + E_2^2$ dei quadrati dei moduli dei campi componenti in tutto lo spazio tranne che nei punti (interni o periferici) di un cerchio che ha come diametro il segmento che collega le due particelle (risulta infatti $E^2 = E_1^2 + E_2^2 + 2E_1E_2 \cos\varphi$, dove φ è l'angolo tra i vettori componenti, che risulta maggiore di 90° all'esterno del cerchio). Si tenga anche presente che l'energia di quiete di una particella include l'energia distribuita nel campo prodotto dalla particella: dato che il campo è inversamente proporzionale al quadrato della distanza dalla particella, e dato che la densità di energia è proporzionale al quadrato dell'intensità del campo, l'energia del campo e la relativa massa sono essenzialmente localizzate a ridosso della particella, e in prima approssimazione sulla particella stessa.

100 – EFFETTI SPECIALI

Citazioni

[A] «Forse potrebbe sorgere il dubbio che la dilatazione del tempo sia un effetto solo degli orologi a luce, ma non è così per il principio di relatività. Infatti supponiamo che l'osservatore O' abbia altri orologi, oltre a quello a luce [...]. Se fosse solo l'orologio a luce a ritardare rispetto all'osservatore O, O' vedrebbe questo ritardo del suo orologio a luce, osservando gli altri orologi...»

[B] «... ed avrebbe così la possibilità di provare sperimentalmente che egli è in movimento rispetto ad O.»

[C] «Ma, per il principio di relatività [...] tutti i fenomeni, di qualunque natura essi siano, si svolgono nello stesso modo rispetto ad O' ed O...»

[D] «... e quindi non esiste alcun fenomeno, cioè non esiste alcuna osservazione sperimentale che O' possa fare per stabilire che sta muovendosi rispetto ad O.»

(Testo di fisica per il liceo scientifico)

Commento

È proprio vero: immergersi nelle acque profonde della relatività produce effetti strani, quasi incredibili. A volte incresciosi.

Citazione [A]: «O' vedrebbe questo ritardo del suo orologio a luce». Niente di più falso: O' non vedrebbe nessun ritardo. Vedrebbe *tutti* i suoi orologi, a luce e non, marciare in perfetto sincronismo. È l'osservatore O (lo dice l'Autore) che vedrebbe il ritardo dell'orologio a luce di O' rispetto agli altri orologi di O' e rispetto ai propri.

Citazioni [B] e [D]. Lo studente ha sempre pensato che chi guarda dal finestrino non abbia, dopo tutto, grossi problemi a stabilire se il treno è o non è partito. Ma adesso il libro scuote le sue certezze: O' non potrà mai capire che sta muovendosi rispetto ad O. E al povero studente, nella migliore delle ipotesi, sembrerà di sognare. Se l'Autore avesse detto: «non esiste alcuna osservazione sperimentale che non sia l'osservazione di quanto nell'altro riferimento è in quiete», lo studente si sarebbe risparmiato il sogno. Ma l'Autore né lo dice, né lo sottintende: anzi, poche righe più avanti lo nega, quando scrive che «l'osservatore O vede O' fumare una sigaretta o mangiare più lentamente di quando entrambi sono fermi». E lo studente, che non è certo nelle condizioni di spirito di notare che quel «di quando entrambi sono fermi» doveva invece essere «di quando O' è fermo nel riferimento di O», si chiede giustamente come diavolo sia possibile che O, a cui non sfugge che O' sta fumando e mangiando un po' più lentamente di quanto normalmente non usi, non si renda conto che O' si sta muovendo: tanto più che, a conti fatti, O' deve avere rispetto ad O una velocità piuttosto elevata, diciamo un centinaio di milioni di kilometri all'ora[1]...

Citazione [C]. Il principio di relatività non stabilisce affatto che «tutti i fenomeni, di qualunque natura siano, si svolgono nello stesso modo» rispetto ai diversi osservatori inerziali: sarebbe la negazione dell'idea stessa di relatività. Stabilisce invece che *le leggi della fisica sono le stesse in tutti i riferimenti inerziali.* Nei quali conseguentemente si potranno ben osservare forze diverse, traiettorie diverse, lunghezze diverse, velocità diverse, accelerazioni diverse, quantità di moto diverse, intervalli di tempo diversi, e dove addirittura in certi casi potrebbe risultare rovesciato l'ordine di successione degli eventi: ma dove, ciò nonostante, sulla validità del principio d'inerzia, o sulla validità dei principi di conservazione, o sulla validità delle equazioni di Maxwell, sono e saranno sempre tutti perfettamente d'accordo. Uno stesso testo di fisica andrebbe bene (errori permettendo) per tutti gli studenti inerziali!

---

[1] Altrimenti l'effetto relativistico di rallentamento dei processi sarebbe talmente piccolo da non poter essere osservato.

INDICE ANALITICO

208